나이젤 라타의

엄마, 아들을 이해하기 시작하다

– 아들의 눈으로 세상을 보면 엄마의 인생도 행복해진다 –

나이젤 라타의

엄마, 아들을 이해하기 시작하다

- 아들의 눈으로 세상을 보면 엄마의 인생도 행복해진다 -

나이젤 라타 글 | 이주혜 옮김

내인생의책

차 례

김영훈 가톨릭대학교 의정부성모병원장

엄마에게 아들을 키운다는 것은 도전인 모양이다. 아들이 있는 가정에 가보면 아들을 어떻게 키울지에 관한 책이 한 권씩은 있기 마련이다. 딸은 자연스럽게 엄마 자신이 느끼고 판단하며 키울 수 있는데 아들은 그게 쉽지 않은 것이다.

무엇보다 엄마는 아들이 딸과 다르며 자신 또한 아들을 잘 모른다고 생각하는 경향이 있다. 엄마는 애틋하게 아들을 사랑하면서도 사춘기 아들과 말 한마디 나누기 힘들어한다. 내 속으로 낳은 자식이지만 이해가 되지 않고 갈등을 어떻게 해결할지 막막한 것이다. TV, 신문, 책을 보더라도 남자아이들에 대해선 낮은 성적, 음주와 흡연, 성폭력, 각종 비행 등 걱정스러운 내용으로 가득하다.

그러나 대중매체에 의해 확대 재생산되고 있는 이른바 '아들들의 위기'는 실제와는 다른 경우가 많다. 아들들의 대학 진학률이 낮아지고 있다며 TV나 신문에선 호들갑을 떨지만 실상을 들여다보면 아들들의 학업 성취도가 떨어져서가 아니라 딸들의 고등교육 진학률이 정상화되는 과정일 뿐이다. 또한 엄마들은 똑똑한 딸들에게 치여 우리 아들이 기가 죽을까 봐 남녀공학을 피하려 하지만 교육적 관점에서 남학교냐, 남녀공학이냐 여부는 그다지 중요하지 않다. 좋은 학교냐 아니냐, 좋은 교사가 있느냐 없느냐가 중요하고 영향력도 더 크다.

사실 엄마와 아들의 차이는 개인별 성격 차이일 뿐 결코 남녀 차이가 아니다. 그러므로 엄마가 남성성의 내용을 알아야만 아들을 훌륭하게 키울 수 있는 건 아니라고 저자는 주장한다. 아들이 훌륭한 어른으로 성장하는 데 필요한 건 남성성이 아닌 올바른 가치관이기 때문이다. 아들을 좋은 남자로 키우기 위해 '남성적'이거나 '남자다운' 일을 일부러 가르쳐줄 필요는 없다. 엄마가 아들에게 심어주어야 할 것은 책임감, 겸손, 자애심 등과 같은 올바른 가치관이다.

청소년은 겉모습만 보면 다 성장한 듯 보이지만 실은 그렇지 않다. 20대 중반까지도 인간의 뇌는 성장을 멈추지 않기 때문이다. 청소년들이 종종 판단이 미숙하고 충동적이며 무모해 보이는 것은 단순히 태도의 문제가 아닌, 여전히 발달 중인 뇌에서 집중적으로 공사가 이뤄지기 때문이다.

이 책은 이렇게 공사 중인 뇌를 가진 아들에게 구체적으로 무엇을 해줄 수 있는지 알려주고 있다. 아들의 언어 습관 이해하기, 활동적인 아들에게 규율과 규칙 적용하기, 아들이 비행을 저질렀을 때 부모의 대처 요령, 아들이 취학했을 때 엄마의 마음가짐 등을 구체적이고 실용적인 팁과 함께 알려준다.

또한 저자는 아들에게 가장 중요한 건 엄마 자체이며, 엄마가 아들에게 유대감을 갖는 것 이상의 교육은 없음을 여러 차례 강조한다. 엄마와 아들은 전생에 연인 관계였단 말이 있지만, 아들이 항상 엄마를 좋아할 수는 없다. 또한 엄마의 바람처럼 아들이 늘 엄마의 친구가 될 수 없고 그럴 필요도 없다.

독자들은 엄마가 항상 자신의 곁에 있어줄 것이란 믿음만 아들에게 심어줄 수 있다면 그걸로 충분하다는 저자의 혜안에 귀 기울일 필요가 있다. 아들을 키우는 데 필요한 각종 심리학적 지식과 유대감을 형성하기 위한 실질적인 조언, 그리고 나이젤 라타 특유의 유머가 가득한 책이다.

양선아 〈한겨레신문〉 건강·육아 부문 기자
육아사이트 베이비트리 babytree.hani.co.kr 담당자

    남아 선호 사상이 사라지고 딸 대세론이 부각되는 요즘, 아들 둘을 둔 엄마들에겐 '목메달'이라는 별명이 주어지곤 한다. 딸 둘에 아들 하나면 금메달, 딸만 둘이면 은메달, 딸 하나 아들 하나면 동메달, 아들 둘이면 목메달이라는 웃지 못할 유머가 회자되면서부터다. 아들 둘이면 목을 매달고 싶을 정도로 힘들어 목메달이라는 것인데, 그만큼 아들을 키우는 일은 요즘 부모들에게 힘든 일로 간주된다.

    엄마에게 아들은 특히 이해하기 힘든 종족이다. 아들은 언제까지나 고고하고 우아한 여자로 남고 싶은 엄마를 꽥꽥 소리 지르고 끊임없이 잔소리하는 마녀로 변하게 하는 신기한 재주를 가지고 있기 때문이다. 아들은 양말을 아무 데다 벗어놓고, 화장실 변기에 오줌을 흘려놓고도 무엇을 잘못했는지 모르는 족속이다. 학교생활이 어떤지 궁금해하는 엄마의 마음은 아랑곳없이 대다수의 아들은 엄마의 질문에 그저 어깨만 한 번 으쓱하

고 만다.

　어디 그뿐인가. 아들을 키우는 엄마들은 요즘 걱정거리를 한 보따리 안고 살아간다. 언론에서 '십 대 아들의 사망률이 딸에 비해 세 배나 높다.'거나 '남자아이가 여자아이보다 읽기와 쓰기 능력이 떨어진다.'거나 '아들은 남녀공학에선 불리하니 남학교로 전학시켜야 한다.'는 등의 내용이 심심찮게 보도되기 때문이다. 이른바 '아들들의 위기'다. 엄마들의 마음은 더욱 심란하기만 하다.

　《엄마, 아들을 이해하기 시작하다》의 지은이 나이젤 라타는 이렇게 아들로 인해 고통스럽고 걱정을 안고 사는 엄마들에게 위안을 주고 마음의 여유를 가질 수 있는 탈출구를 안내한다. 뉴질랜드의 저명한 임상 심리학자이자 아동 문제 전문가인 그는 지난 20여 년간 관찰해온 아들들의 주요 특징과 아들 키우는 법을 소개한다.

　지은이는 유아기, 아동기, 청소년기별로 아들들의 특징을 세부적으로 다루고, 부모가 그 시기 어떤 것을 함께하면 좋은지 충분한 예시를 들어 설명한다. 책은 매우 현실적이고 실용적이어서 한국 상황에도 적용 가능하다. 그는 또 아들에 관한 다양한 과학적 연구가 가진 허점을 지적하며, 중요한 것은 결국 일반적인 아들들의 특성이 아니라 '내 아들의 특성'임을 깨닫게 해준다.

그는 아들의 입장에서 '이상하게' 보이는 엄마의 행동도 귀띔해준다. 아들은 본래 '뼛속까지 실용주의자'인데, 엄마들은 그 사실을 잊은 채 아들에게 쉼 없이 질문하고 사사건건 간섭한다는 것이다. 지은이는 엄마들에게 "제발 그 입 다물고 아들에게 말할 기회를 충분히 보장하라!"고 조언한다.

그리고 하루 일과의 규칙을 분명하게 알려주고 행동과 결과 사이에 명확한 연관성이 있음을 알려주는 게 아들을 다루는 현명한 자세라고 말한다. 예를 들면 엄마가 숙제를 먼저 하고 게임을 하라고 했는데 아들이 그 규칙을 어겼다고 하자. 그럴 때 엄마는 왜 숙제를 하지 않느냐며 잔소리를 하기보다 게임 시간을 줄이거나 잠자리에 드는 시간을 평소보다 한 시간 앞당기는 조치를 취하라는 것이다. 이 얼마나 명쾌한 해법인가.

세 살 아들을 키우고 있는 나는 이 책을 보면서 앞으로 내게 닥칠 미래가 선명하게 그려져 계속 웃음이 터져 나왔다. 지은이가 말해주는 아들의 본모습은 내가 무의식적으로 기대하고 있는 환상적인 아들에 대한 기대를 접고 현실을 직시하도록 만들어줬다.

만약 내 아들이 갑자기 미친 듯 웃어대고, 벌레 모으기에 몰두하고, 방귀 소리를 흉내 내고, 폭력적인 내용의 게임을 좋아한다고 해도 이는 지극히 정상이란 걸 깨닫게 해줬다. 또 두뇌에서 '이성의 자리'라고 불리고 위험을 판별하는 전전두엽 부위가 발달하려면 아들이 20대 초반이 될 때까지 기다려야 함도 잊지 않게 해줬다.

지은이의 전작《아빠, 딸을 이해하기 시작하다》가 '딸바보 아빠'가 진짜 '바보 아빠'가 되지 않기 위한 해법을 알려줬다면, 이 책은 아들에 목멘 엄마들이 좀 더 아들로부터 자유로워질 수 있는 방법을 제시한다.

그리고 무엇보다 이 책이 마음에 드는 이유는 '싱글맘'이 아들을 키우면서 걱정하는 부분에 대해 명쾌하게 답을 제시해준다는 점이다. 엄마 혼자 아들을 키우는 싱글맘들은 남성 역할모델이 없어 아들의 남성성이 제대로 길러지지 않을까 두려울 수밖에 없다.

지은이는 이에 대해 굳이 아빠가 곁에 살지 않더라도 남성성은 충분히 키워질 수 있다면서, 훌륭한 남성으로 키우는 데 중요한 것은 남성성이 아니라 올바른 인간성과 가치관이라고 알려준다. 그는 또 전작에서 강조했듯이, 아들과 딸은 차이점보다 공통점이 훨씬 많으므로 성적 고정관념을 토대로 아이들을 키울 필요가 없다고 말한다.

시종일관 유머를 잃지 않고 유쾌한 서술로 쉽게 이야기를 풀어내는 지은이는 타고난 이야기꾼이자 양육 전문가다. 엄마들에게 아들에 대한 좀 더 폭넓은 관점을 제시해주는 이 책은 많은 엄마들이 더는 아들 문제로 전전긍긍하지 않도록 도와줄 것이다.

엄마들은 모르는 아들의 세계
: 오줌 좀 흘린 게 뭐가 문제야?

오전 여덟 시가 채 되지 않은 이른 아침, 나는 한 행사의 오프닝 무대에 올랐다. 한 남자 중학교에서 '아빠와 아들 조찬회'란 자리를 만들어 나에게 강연을 부탁했기 때문이다. 청중은 그 학교 남학생 3백 명과 아버지들이었다. 학교 측 요구 사항은 많지 않았다. 그저 비속어를 쓰지 말 것, 가능한 한 재미있게 해달라는 것 정도가 요청의 전부였다.

나는 비속어를 쓰면 안 된다는 부분이 좀 걸렸다. 단상에 오르자마자 "아니, 이 학교는 왜 행사를 이렇게 일찍 시작하는 거야? 젠장!"이라고만 할 수 있어도 좌중을 휘어잡기 쉬울 텐데. 난 할 수 없이 두 번째 방법을 쓰기로 했다.

남자아이들이 강당으로 하나둘씩 걸어 들어오기 시작했다. 그 모습은 마치 해가 뜨자마자 물을 찾아 웅덩이로 내려오는 물소 떼 같았다. 남자아이들은 갈증으로 숨이 턱턱 막히는 이른 아침, 한줄기 희망을 품고 뿌연 먼지구름을 일으키며 둔탁하게 몰려드는 야생 짐승들을 닮았다.

아이들은 한눈에 봐도 개성이 뚜렷했다. 여학생들의 인기를 독차지하고 있을 게 분명한 키 크고 곱상한 '킹카', 잔뜩 멋을 부리고 폼을 잡았지만 세상 물정은 하나도 모르는 '겉멋 든' 녀석들, 재치와 눈치로 똘똘 뭉친 약삭빠른 '잔머리 형'.

그중에는 아웃사이더로 보이는 아이들도 있었다. 음악에 미친 아이, 아니면 공부벌레나 책벌레일 게 분명한 아이들이 내 시야에 포착되었다. 하지만 그런 아이들도 언젠가는 자신이 구축한 세계에서 왕 노릇하며 떵떵거리며 살게 될지 모를 일이다.

이런 유치한 마초 게임에는 끼고 싶지 않은 자유로운 영혼들도 드문드문 박혀 있었다. 인기 따위는 관심조차 없다는 표정으로 말이다. 문제아들 역시 빼놓을 수 없다. 그들 뒤에는 똘마니로 보이는 아이들이 어슬렁거리며 뒤따르고 있었다.

남자아이들은 강당에 들어오는 그 짧은 순간에도 서로 치고받으며 밀쳐대기를 멈추지 않았다. 다소 위험해 보이는 폭력조차 아이들에겐 일상이고 장난이었다. 이런 광경이 익숙한 듯 교사들은 눈길 한 번 주지 않았다.

학생들이 모두 자리를 잡고 교장이 일어서자 강당에는 침묵이 흘렀다.

"여러분, 안녕하십니까!"

교장은 대꾸할 틈도 없이 곧바로 말을 이었다.

"올해 아빠와 아들 조찬회에서는 기쁘게도 나이젤 라타 선생님의 강연을 듣게 되었습니다."

순간 수많은 시선이 내게로 쏟아졌다.

"라타 선생님은 심리학자이십니다. 특히 청소년을 위해 좋은 일을 많이 해오셨지요. 선생님은 범죄 상담 전문가로 매우 저명하신 분입니다. 여러분, 오늘 특별히 흥미진진한 강연을 기대해도 좋을 것입니다. 자, 라타 선생님을 박수로 맞이합시다."

3백 명이 우레와 같이 치는 박수 소리가 내 귀엔 마치 나를 비웃는 것처럼 들렸다. 강연의 '흥미'를 강조한 교장 선생님의 소개가 내 귀엔 자못 거슬렸던 것이다. 내가 어렸을 때도 학교에 외부 강사들이 종종 찾아오곤 했다. 그런데 그들의 강연은 하나같이 지루하고 따분하기만 했다.

나는 연단 위로 올라가자마자 큰 소리로 물었다.

"자, 엄마의 잔소리가 지나치다고 생각하는 사람?"

학생들은 어리둥절한 표정으로 서로의 얼굴만 바라봤다.

"이런 새가슴들 같으니라고. 너희들 이름을 물어본 것도 아니잖아. 자, 엄마의 잔소리가 지나치다고 생각하는 사람 손 좀 들어볼까?"

남학생들의 95퍼센트가 손을 들었다. 심지어 몇몇 아빠들도 손을 들었다.

"자, 좋습니다. 이번에는 엄마가 시키는 대로 아빠가 욕실 매트를 반듯하게 놓는다, 손들어볼까?"

이번에는 75퍼센트 정도가 손을 들었다.

"'욕실 매트가 좀 비뚤어지면 어때?'라고 생각하면서 아빠가 너무 쉽게 엄마의 말에 순종한다고 생각하는 사람은?"

다시 95퍼센트가 손을 들었다.

"좋아요. 나중에 커서 결혼을 하면 아내가 시키는 대로 하지 않고 내 맘대로 할 거라고 자신 있게 말할 수 있는 사람?"

팔팔한 남학생들 모두가 손을 번쩍 들었다. 나를 비롯해 그 자리에 참석한 아빠들은 일제히 웃음을 터뜨렸다.

"이런, 어린 왕자님들 같으니. 인생을 알려면 아직 멀었구나."

학생들은 내 말을 이해하지 못했다. 하긴 그 나이에 뭘 이해할 수 있겠는가? 이들은 이제 막 인생에 첫발을 내디뎠을 뿐이고 언젠가는 아내가 원하는 대로 매트를 얌전히 펴놓게 될 것이다. 욕실 매트가 소중해서가 아니다. 그보다 더 소중한 것이 있기 때문이다. 상대방의 말이 옳기 때문에 그 말을 따르는 것이 아님을 아이들도 언젠가 깨달을 것이다.

이 아이들의 앞날에는 온갖 시행착오와 시련이 지뢰밭처럼 깔려 있다. 아이들은 그 길을 가는 내내 크고 작은 결정을 내려야 할 것이다. 어떤 아이는 이미 구체적인 목표를 향해 달려가기 시작했을 것이고 어떤 아이는 아무 생각 없이 살고 있을 것이다. 정말 훌륭한 사람이 될 아이도 있겠지만 그저 착하고 성실하게 살아갈 아이도 많을 것이다. 그중에는 어쩌면 감옥에 갈 아이도 있을지 모른다.

삶은 복잡하기 그지없고 여기저기 위험이 도사리고 있다. 그렇다고 해도 언젠가는 다들 자기 자리를 찾아갈 것이다. 어떤 아이의 앞길은 반듯하고 잘 정비되어 있는 반면 어떤 아이의 앞길은 험난할 수도 있다.

나는 아이들과 대화 나누는 시간을 무척 좋아한다. 무궁무진한 가능성과 잠재력을 지닌 아이들과 마주하고 있노라면 혼탁한 세상에서 한줄기 희망 같은 게 느껴지기 때문이다.

그날 나는 청중들에게 그동안 만났던 어리석은 범죄자들 이야기를 들려주었다. 처음 '아빠와 아들 조찬회'라는 모임에 품었던 선입견에 비하면 청중의 집중도는 매우 좋았다. 강연 말미에 나는 이렇게 물었다.

"화장실 바닥에 소변 몇 방울 흘렸다가 엄마한테 혼나본 사람, 손들어볼까?"

다들 웃음을 터뜨렸지만 아무도 손을 들진 않았다.

"내 말이 무슨 뜻인지 알죠? 변기에 소변을 보고 나면 욕실 바닥에 오줌이 떨어지잖아.”

웃음소리는 한층 더 높아졌지만 아무도 손을 들지 않았다.

“좋아. 그럼 소변 좀 흘린 것 가지고 엄마가 공연히 야단법석이라고 생각하는 사람?”

이번에는 약 80퍼센트가 손을 들었다.

“그러니까 여러분은 변기가 바로 옆에 있는데도 굳이 바닥에 소변을 봤다고 화를 내는 엄마가 좀체 이해되지 않는구나?”

아이들은 연신 고개를 끄덕였다. 아들과 엄마 사이에 존재하는 커다란 간극이 확인되는 순간이었다. 실제로 대부분의 남자아이들은 소변 몇 방울 흘린 걸 대수롭지 않게 생각한다. 이 책을 읽고 엄마들이 아들의 행동을 좀 더 이해하게 되길 바란다.

참, 그날 강연에서 내가 남학생들에게 강조한 마지막 당부의 말을 듣는다면 엄마들도 썩 흡족할 것이다.

“엄마에게 잘해드려라. 벗은 양말을 아무 데나 던져놓지 말고 가끔은 차라도 한 잔 타드려라. 그래야 엄마의 잔소리도 줄어든다. 너희들도 엄마의 잔소리가 지겹잖아. 그리고 엄마는 하늘이 무너져도 끝까지 너희 편이 되어줄 유일한 사람이다. 그러니 엄마에게 효도해야 한다.”

PART ❶

아들의 세계를 탐험하기 전에

01 당신의 아들에 대한
걱정스러운 시선을 거둬라

인류 역사상 우리 아들들이 이토록 심각한 위기에 빠진 적은 없었다. 감옥마다 남자아이들이 넘쳐나고 주말 저녁이면 병원과 시체 보관실에 부러지고 피 흘리는 아들들의 시신이 가득 들어찬다.

남자아이들은 학교에서도 기록적인 숫자로 낙제하고 있을 뿐 아니라, 사회 적응 면에서도 여학생들에게 한참이나 뒤처져 있다. 술과 마약 복용 또한 이미 위험 수위를 넘었고, 자살과 폭력 역시 늘어나고 있다.

한층 더 걱정스러운 사실은 남자아이들이 정서적인 면에서도 유례없는 어려움을 겪고 있다는 점이다. 사람들 앞에만 서면 잔뜩 골이 난 표정으로 입을 꾹 다물고 버티기 일쑤다. 마음속에 오래 자리 잡은 분노 때문이다.

이혼이 늘고 가정을 떠나는 아버지가 점점 많아지면서 아들들이 참고할 만한 남성 역할모델을 찾아보기 어렵게 됐다. 게다가 남성성 자체를 유해물로 치부하는 대중매체 때문에 세상은 점차 여성화되고 있는 실정이다. 우리 아들들이 숨 쉴 곳은 폭력이 난무하는 컴퓨터 게임과 여성 비하 음악, 마약이라는 어둠의 세계밖에 없는 것이다.

분노한 소년들은 침묵과 먹을거리만 챙겨들고 제 방으로 꼭꼭 숨어든다. 그러고는 태연한 얼굴로 감히 상상조차 할 수 없는 끔찍한 일들을 자행하고 있다.

아들들의 위기

아들을 둔 부모 입장에서 이런 글을 읽으면 어떤 기분이 들까? 최근 들어 남자아이들의 위기를 논하는 갖가지 주장이 쏟아져 나오고 있다.

그러나 이 책에서 남자아이를 둘러싼 온갖 암울한 글을 기대하는 독자들에겐 미리 양해를 구한다. 교육이나 정서 생활의 문제, 남성 역할모델과 공격성의 상관관계, 음주와 흡연 문제 등 아들에 관한 불안감을 조장하는 이야기들이 끊임없이 들려오지만 나는 이런 위기설을 별로 신뢰하지 않는다.

우리 아들들이 다양한 위기를 겪고 있는 것은 분명한 사실이다. 그러나 당사자들은 정작 자신들의 위기에 대해 그다지 심각하게 생각하지 않는다. 사내아이들의 머릿속은 대부분 공룡이나 여자 친구, 시험과 취업에 대한 생각으로 가득 차 있다.

물론 남자아이의 사생활에 관한 놀라운 통계자료들이 있다. 나 역시 그것들에 대해 언급할 생각이지만, 결론은 그 문제들이 '모든 남자아이들'의 것이라기보단 '일부 남자아이들'의 것에 불과하다는 사실이다.

내겐 7살, 10살 된 두 아들이 있다. 그리고 이 두 아들은 내게 남자아이의 세계를 들여다볼 수 있는 작은 창이 되어주고 있다. 둘째 아들은 주변 여자아이들을 어떻게 대해야 할지 한창 혼란을 겪고 있다. 여자아이들에겐 전혀 관심이 없다면서 말이다. 특별한 이유도 없이 여자아이들이 싫다고 한다. 그렇다고 여자아이들에게 심술궂게 구는 건 아니다. 어울려 노는 여자애들이 몇몇 있지만 막상 여자아이들을 어떻게 생각하느냐고 물으면 얼굴을 잔뜩 찡그리며 싫다고 대답한다.

아들만 나무랄 수도 없는 것이, 나 역시 7살 무렵에는 여자아이들을 별로 좋아하지 않았다. 그래서 난 이 문제를 크게 걱정하지 않는다. 나나 애 엄마가 특별히 개입하지 않아도 녀석은 한두 해 안에 여자아이들에 대한 생각을 급격히 바꿀 게 분명하기 때문이다. 우스운 얘기 같지만, 몇 년 후 녀석이 몰고 올 문제는 학업성적이 아니라 오히려 여자 문제일지 모른다.

반면 맏아들은 이른바 21세기형 쿨가이_{cool guy} 다. 녀석은 성차별 의식도 없고 가깝게 지내는 여자 친구도 있다. 큰아들 커플을 보고 있노라면 제법 모양새가 좋아 나도 모르게 흐뭇한 미소가 지어진다. 맏아들의 여자 친구는 학교에서 무슨 일이 벌어지는지 내게 알려주는 정보원 역할을 톡톡히 한다.

아들에게 학교 일을 물어보면 극히 단편적인 정보만을 겨우 들을 뿐이다. 어깨 한 번 으쓱하는 것으로 대답을 대신할 때도 많다. 하지만 아들의 여자 친구가 놀러오면 학교에서 벌어진 모든 일을 완벽하게 파악할 수 있다.

이쯤에서 아들 둔 부모를 위해 조언 하나를 하겠다. 아들에게 여자 친구가 생기는 것을 적극 지지하라. 아들의 여자 친구를 통해 아들의 모든 이야기를 시시콜콜 들을 수 있을 것이다.

나 역시 텔레비전이나 신문에서 사내아이들의 끔찍한 범죄 이야기를 접하면 걱정과 불안이 앞선다. 또한 읽기나 쓰기 영역에서 남학생이 여학생에 뒤처진다는 소리를 들으면 '우리 아들은 어쩌나.'하며 시름에 빠지기도 한다. 그러다가도 아들이 학교에서 써온 글짓기를 읽어보면 어찌나 재미있는지, 때 묻지 않은 아이의 순수함에 온갖 근심 걱정이 눈 녹듯 스르르 풀리곤 한다.

어느 날 사랑스러운 둘째 아들이 제 형을 막대기로 마구 때리는 광경을 목격했다. 그 순간 내 머릿속엔 남자아이들의 폭력성에 관한 무시무시한 통계치가 스치고 지나갔다. 그러면서도 크게 걱정하지 않았던 건 형이 동생에게 먼저 잘못을 해 동생이 화를 낼 만한 나름대로의 이유가 있었기 때문이다.

나는 남자아이들 틈에서 거의 20년이라는 세월을 보냈다. 그 중에는 아주 어린 철부지도 있었고 다 자란 아이도 있었다. 사랑스러운 아이, 못된 아이, 더러는 천재적일 만큼 사악한 아이도 있었다. 심지어 살인 같은 중대 범죄를 저지른 소년도 보았다. 이 세상이 낳은 가장 착한 아들과 가장 나쁜 아들 모두를 만난 셈이다.

시간이 흐르면서 아이들의 겉모습은 점점 세련돼졌을지 모르지만 본질은 크게 달라지지 않았다고 생각한다. 사람마다 독특한 개성이 있는 건 사실이지만 비슷한 점 또한 적지 않다. 사람마다 공통된 패턴이 존재한단 말이다. 나는 지난 20년 동안 소년들에게 반복되는 이러한 패턴에 주목해왔다. 아마 앞으로도 그러한 사실엔 변함이 없을 것이다.

3만 년 전부터 이어져 온 엄마와 아들의 평행선

남프랑스의 쇼베chauvet 동굴에는 꽤나 흥미로운 흔적이 있다. 약 3만 2천 년 전, 한 남자아이가 동굴 안으로 기어들어가 오늘날 뿌리는 페인트에 해당하는 구석기시대의 도구-그 시절에는 숯가루를 밀짚 빨대로 불어서 색을 입혔다-를 이용해 동굴 벽에 자기 손 모양을 턱 하니 찍어놓은 것이다. 이는 현존하는 가장 오래된 인간의 형상이다.

R. 데일 거스리R. Dale Guthrie라는 인류학자는 동굴 벽에 찍힌 손의 크기와 모양으로 추정컨대 그 주인이 십 대 남자에 가깝다는 연구 결과를 발표했다. 아무래도 남자아이들은 태초부터 개구쟁이의 영혼을 타고난 모양이다.

3만 2천 년 전 동굴 벽에 손 모양이 찍힌 뒤의 상황을 유추해보자. 엄마와 아들 사이엔 분명 언쟁이 오고 갔을 것이다.

식량 채집 등 일과를 마친 뒤 집에 돌아온 엄마는 동굴 벽에 찍힌 손 모양을 보고 화가 치민다.

"대체 누가 이랬어? 누가 이랬는지 어서 말 못해?"

아들은 엄마의 말을 못 들은 척한다.

“누가 이랬냐고 물었다?”

엄마가 다시 한 번 묻는다.

“몰라요.”

아들은 시치미를 뗀다.

“설마 이게 저 혼자 찍혔겠니? 설마 티라노사우루스가 한 거라고 하면 엄마가 믿을 거라고 생각하니?”

아들은 코웃음을 치며 말한다.

“엄마, 그건 너무 ‘원시적’이잖아요. 백악기 이후로 더는 공룡은 없어요. 뭘 알고나 하는 소리예요?”

엄마는 물러설 기세가 전혀 없는 듯 계속해서 쏘아붙인다.

“넌 동굴을 깨끗이 치우고 사는 게 얼마나 힘든지 알기나 하니? 그런 걸 생각이나 해봤어? 동굴을 깨끗하게 쓸고 닦는 사람은 나 하나뿐이지.”

잔소리를 피할 수 없다는 사실을 깨달은 아들은 그 순간부터 입을 꾹 다문 채 엄마를 외면한다.

원시인 엄마는 그 후로도 엄청나게 긴 설교를 늘어놓았겠지만 애석하게도 그날의 대화는 전혀 기록으로 남지 않았다. 어쩌면 원시인 엄마는 “엄마는 절대로 이걸 지우지 않을 테니 알아서 해!”라고 쏘아붙였을지 모른다. 원시인 아들 역시 별일도 아닌 것에 엄마 혼자 민감하게 반응한다며 속으로 분을 삭였을 것이다.

대체 왜 엄마와 아들은 3만 년 넘게 똑같은 말다툼을 반복하고 있는 걸까? 그 사이 인간은 엄청난 진화와 발달을 거듭했다. 바퀴와 문자와 증기기관이 발명됐으며, 산업혁명이 일어났고, 베를린 장벽이 무너졌으며, 영국식 머핀을 굽는 맞춤형 토스터까지 나왔다.

그런데 왜 사내아이들은 3만 년 전이나 지금이나 벽에 낙서하는 것을 좋아할까? 왜 아들들은 엄마의 질책과 지적을 쓸데없는 잔소리라고만 여기는 걸까?

전동칫솔이 개발되고 심지어 곱슬머리를 감쪽같이 펴주는 미용 기구까지 발명된 걸 보면 인간의 두뇌는 그동안 상당히 커졌을 법하지 않은가? 그러나 안타깝게도 그렇지 않다. 현대인은 겉으로는 대단히 진화한 듯 보이지만 사실 두뇌 구조는 3만 2천 년 전이나 지금이나 전혀 다르지 않다. 크기나 형태 면에서 두뇌는 예나 지금이나 똑같다는 말이다. 다만 '두뇌 장치'를 사용하는 방법이 좀 더 발달했을 뿐이다.

지난 3만 2천 년 동안 남자아이들은 온갖 도전과 위기를 극복하며 생존경쟁에서 살아남아 왔다. 어떤 위기에도 완전히 꺾인 적은 없다. 남자아이들에게 문제가 없다는 말은 아니다. 다만 예나 지금이나 남자아이들이 겪는 문제는 똑같다는 말이다.

남자아이들의 주요 관심사가 자신이 처한 위기보단 공룡이나 여자 친구, 그리고 조금 나이 들어선 취업에 더 쏠려 있다는 게 문제라면 문제다.

물론 요즘 새로 등장한 문제도 있다. 아들을 대상으로 엄마가 만드는 '드라마'가 그것이다. 엄마는 때때로 속을 알 수 없는 수수께끼 같은 아들 때문에, 주변의 북 치고 장구 치는 사람들이 조장하는 불안감에 쉽게 흔들리는 경향이 있다.

예를 들어 보자. 12살 난 아들이 어느 날 갑자기 엄마와의 대화를 중단하고 온종일 불만 가득한 표정으로 입을 꾹 다물고 있다면 부모는 어떻게 반응할까? 대부분의 엄마는 아들의 정서에 문제가 있다고 생각하는 반면, 아빠는 자연스러운 성장 과정일 뿐이라며 대수롭지 않게 여긴다.

우리 엄마들은 서점에서 '연구 결과가 입증하는'으로 시작해 '정서 생활의 위기에 처한 우리 아들들'로 이어지는 책을 보물인 듯 낚아채 겨우 한두 단락만 읽고 근심 걱정에 휩싸인다. 아들들이 심각한 위기에 빠졌기 때문에 이런 책도 나오는 것이라고 믿는다.

나는 당신이 아들에게 나쁜 엄마가 아니라는 사실을 알려주고 싶다. 또한 어머니로서 아들에게 무엇이 중요하고 중요하지 않은지 판단할 수 있는 근거를 마련해주고자 이 책을 썼다.

한 어머니가 모든 남자아이의 세계를 책임질 필요는 없지만, 적어도 내 아들의 세계만큼은 책임을 져야 한다. 책임 있는 어머니가 되는 데 이 책이 도움이 되길 바란다.

02 아들을 발달단계별로 배우다

세상을 처음 접하는 유아기 아들(만 2~6세)

– 체계와 질서를 가르쳐라

아들이 말을 배우기 시작하고 활동이 왕성해지면 엄마는 여간 힘들어지는 게 아니다. 세상이 마냥 신기한 놀이터 같은 세 살 아들은 엄마로서 감당하기 벅찬 얄미운 존재다.

처음 보는 싱크대 문짝이 신기해서 열었다 닫았다를 수도 없이 반복하고, 술술 풀리는 두루마리 화장지로 집 안을 온통 하얗게 옷 입히기도 한다. 향긋한 거품이 부글부글 끓어오르는 신기한 비눗방울 놀이에 폭 빠져 거실을 엉망으로 만들기도 하고, 알록달록 끈적한 음식으로 집 안을 도배하기도 한다. TV 드라마나 게임에 빠져 좀처럼 헤어나올 줄 모르는 시기 또한 바로 이때다.

유치원에 입학한 뒤 세상은 한층 더 흥미진진해진다. 스쿨버스가 신기하고, 유치원에서 만나는 선생님과 여자아이들이 놀랍기만 하다. 학교 앞 가게에서 파는 이상야릇한 색깔의 불량식품도 아들의 시선을 사로잡는다.

이런 아들에게 엄마가 해야 할 일은 굉장히 많다. 아들이 우주의 중심에 있다면, 그 중심 바로 옆에 엄마가 있어야 하기 때문이다. 이 시기는 특히 엄마와 아들 사이의 유대 관계 형성에 있어 무척 중요한 때다. 아무리 자상한 아빠가 있다고 해도 엄마의 역할을 대신할 순 없다. 차츰 세상을 배워가는 어린 아들에게 의지할 사람은 오직 엄마뿐이다.

유아기 아들에게 엄마는 어떤 존재여야 할까? 엄마는 아들에게 세상을 친절히 소개하는 안내자이자 스승이어야 하므로 다음 세 가지는 꼭 기억하자.

☆ 아이를 잘 보살필 수 있는 가정 환경을 만든다

가정은 무엇보다 안정적이고 안전하며 아이를 잘 보살필 수 있는 환경을 갖추어야 한다. 아이에게 절대 소리를 지르지 말라는 뜻은 아니다. 아들을 키우면서 소리를 지르지 않기는 거의 불가능하다. 하다못해 시끄럽게 떠드는 아이를 조용히 시키기 위해서라도 "소리 좀 지르지 말란 말이야!"라며 고래고래 고함을 지를 수밖에 없다.

완벽한 엄마가 될 필요는 없지만 최선은 다해야 한다. 아들에게 약간의 체계와 질서가 존재한다는 사실과 세상에서 용납되는 행동의 범위를 가르칠 수만 있다면, 인생의 출발점에 선 아들로선 최선의 준비를 갖춘 셈이다.

☆ 훌륭하고 행복하게 사는 법을 가르친다

어려서는 물론이고 성인이 되어서도 훌륭하고 행복하게 사는 법을 이때 가르쳐야 한다. 타인에게도 성실한 것은 물론 자기 자신에게도 충실한 남자가 되어야 한다. 구체적인 방법은 PART 5에서 설명하겠다.

☆ 아들의 판타지에 엄마도 흠뻑 빠진다

2~6세 사내아이에게 하루하루는 지극히 환상적이다. 어제는 슈퍼히어로가 되었다가, 오늘은 공룡이 되는 등 꼬마 녀석들에게 불가능한 변신은 없다. 어수선하고 시끄럽고 위험할수록 유아기 아들은 열광한다.

판타지에 빠진 유아기 아들의 세계를 엄마는 충분히 이해하는 것은 물론, 기꺼이 동참해야 한다. 아들이 어떤 놀이를 좋아하는지 알아야 할 뿐 아니라, 아들의 환상적인 놀이를 엄마도 같이 즐길 필요가 있다는 말이다. 특히 다음과 같은 놀이를 함께 해보라. 어린 아들이 무척 좋아할 것이다.

❖ 집짓기 놀이 : 실내에서는 이불로, 실외에서는 합판이나 텐트를 이용해 집을 짓는다. 어린 아들은 직접 만든 집에서 잠자는 걸 매우 좋아한다.
❖ 풍선 터뜨리기 : 풍선을 터뜨릴 때 '뻥!' 하고 나는 방귀 소리 같은 것을 무척 좋아한다.
❖ 얕은 물웅덩이에서 찰박찰박 뛰기
❖ 모래언덕을 타고 미끄러져 내려오기
❖ 해변에서 바위 틈새를 막대기로 쿡쿡 쑤시기
❖ 강물에 돌멩이 던지기
❖ 벌레를 산 채로 잡아 용기 안에 집어넣기
❖ 신문지를 말아서 칼싸움하기
❖ 씨름이나 레슬링 등 험한 스포츠 하기
❖ 엄마 다리 위에 엎드려 하는 비행기 놀이
❖ 나무를 타거나 나무에서 뛰어내리기
❖ 잠들기 전에 머리맡에서 그림책이나 동화책 읽어주기

이외에도 어린 아들이 좋아하는 놀이는 다음과 같다. 목청껏 고함을 지르면서 마구 내달리기, 어두운 길을 나 홀로 손전등만 들고 돌아다니기, 공차기 놀이, 자전거 타기, 온몸이 진흙투성이가 되도록 친구들과 뛰어놀기 등 어린 아들은 여기저기 베이고 멍이 들어도 이런 놀이에 지칠 줄 모른다.

이제껏 배운 기술을 연마할 때(만 7~11세)

– 엄마 스스로 두려움부터 극복해야 한다

아들은 초등학생이 되면서 새로운 도전에 부딪힌다. 지금껏 배운 기술을 더욱 발전시켜야 할 뿐 아니라, 새로운 기술도 더 많이 개발해야 하는 것이다. 이 시기에는 아들은 물론이고 엄마에게도 새로운 도전이 주어진다. 도전을 극복했을 때의 기쁨은 말로 표현할 수 없이 크지만 결코 쉬운 일이 아니다.

가장 큰 과제는 엄마 스스로 두려움을 극복하는 일이다. 자칫 두려운 마음에 세상 밖으로 나가려는 아들을 막고 있지는 않은지 엄마 스스로 자꾸 되돌아봐야 한다. 아들이 제 발로 우뚝 서서 세상 속으로 들어가는 모습을 볼 때 엄마에게도 진정한 기쁨의 순간이 찾아오는 것이다.

아들에게 초등학교 시기는 장차 어떤 사람이 될지 준비하는 단계이기도 하다. 엄마는 점차 '남자'가 되어가는 아들을 발견하고 아들이 자신감을 키울 수 있도록 도와줘야 한다. 구체적으로 엄마는 어떻게 초등학생 아들을 도울 수 있을까? 다음 세 가지는 꼭 기억하라.

☆ 아들의 자신감과 능력을 키운다

엄마의 자신감은 아들에 대한 자신감에서 비롯된다. 엄마는 아들이 스스로 성장할 수 있도록 적극적으로 지원할 필요가 있다. 이때 중요한 것은 아들에 대한 굳은 신뢰다. 장황하게 격려의 말을 늘어놓는다고 아들의 자신감이 올라가는 것은 아니다. 아들이 직접 무엇인가에 도전하고 스스로 터득할 때 자신감이 생기는 것이다.

물론 실패할 수도 있다. 그러나 실패조차 아들의 자신감을 위해선 반드시 필요한 과정이다. 누군가가 우리의 등을 두드려주며 격려할 때보다 넘어져 무릎이 깨지고 아파서 울 때 더 많은 것을 배우는 게 인생 아닌가? 그렇다고 아이를 마구 몰아붙이라는 뜻은 아니다. 아들이 직접 기회를 잡을 수 있게끔 자율을 허락하라는 말이다.

☆ 아들과 좋은 관계를 유지한다

엄마와 아들 사이의 친밀한 관계 구축은 아무리 강조해도 지나치지 않다. 특히 초등학생 시기 엄마와 형성된 관계는 아들의 평생 인간관계를 좌우할 수도 있다. 이 시기에 엄마가 믿고 의지할 만한 사람이라는 믿음이 아들에게 싹튼다면 이후에 아들은 안정적인 인간관계를 맺을 수 있을 것이다.

새로운 도전을 맞닥뜨리는 이 시기에 아들은 늘 불안하다. 이때 엄마는 언제나 아들 곁에서 아들의 편이 되어주겠다는 사실을 알릴 필요가 있다. 마치 뼈를 지탱하는 데 근육이 필수이듯, 엄마는 아들에게 믿음직한 존재가 되어줘야 한다.

아들이 항상 엄마를 좋아할 수는 없다. 또한 엄마의 바람처럼 아들이 늘 엄마의 친구가 될 수 없고 또 그럴 필요도 없다. 엄마가 항상 자신의 곁에 있어줄 거란 믿음만 아들에게 심어줄 수 있다면 그걸로 충분하다.

☆ 행동과 결과를 연결해 생각할 수 있게 한다

이 시기 아들에게 가장 중요한 과제는 자신의 행동이 어떤 결과를 불러올지 사고하는 능력을 키우는 것이다. 다시 말해 행동과 결과의 인과관계를 알아야 한다.

이제 자기 스스로 행동을 선택하고 결정해야 하는 순간이 점차 많아진다. 일곱 살 때 고민은 기껏해야 유치원에 무슨 옷을 입고 갈지 결정하는 정도였지만, 열두 살이 되면 자전거의 등은 언제 켜고 브레이크는 언제 밟아야 하는지 판단할 줄 알아야 한다. 자신의 행동에는 반드시 결과가 따른다는 사실을 배우는 것이다.

엄마는 아들이 본격적인 청소년기를 맞이하기 전, 아들 스스로 많은 생각을 해볼 수 있도록 꾸준히 기회를 제공해야 한다. 아직은 철없는 소년에 불과하지만 아들은 인생의 중요한 시기를 향해 멈추지 않고 달리고 있다. 물론 실수할 확률도 있다. 그러나 실수를 통해 배우고 성장할 가능성은 더 높다.

초등학교에 들어간 아들은 전에는 알지 못했던 놀라운 세상에 홀딱 반할 수 있다. 엄마로서도 아들 키우는 재미가 한층 더 쏠쏠해질 것이다. 혼자만의 세계를 즐기는 시간이 부쩍 많아진 아들에게 엄마가 끼어들 틈은 더욱 좁아졌지만 그리 나쁜 것만은 아니다.

아직은 햇병아리 수준이지만 스스로 남자가 되는 연습을 하는 이때, 아들의 실수 또한 소중하게 생각해야 한다. 엄마는 이런 아들을 많이 안아줘라. 물론 겉으로는 엄마의 포옹을 질색할 수 있지만 아들에게 엄마의 따뜻한 품은 그 어느 때보다 지금이 절실하다.

자기만의 이야기가 시작되는 청소년기(만 12~19세)

- 사춘기 신체와 두뇌 변화에 주목한다

중고등학교 시절은 아들에게 모든 것이 정리되는 듯 보이다가도, 한순간 다시 분해돼 흩어지고 마는 혼란과 모순이 가득한 때다. 이 시기 아들은 비로소 자신이 누구이고 어떤 사람인지를 알아간다. 아들의 인생에서 중요한 선택이 시작되는 때이며, 그래서 약간은 공황 상태에 있는 시기이기도 하다. 가끔씩 청소년기 아들은 정신줄을 놓을 때가 있다. 대체 왜 그러는 것일까?

청소년기에 들어서면 아이들은 몸뿐만 아니라 두뇌도 상당한 변화를 겪는다. 사람들은 흔히 사춘기라 하면 여드름이 돋고 시끄러운 음악에 심취하는 시기 정도로만 안다. 하지만 사춘기엔 두뇌 또한 상당한 변화가 일어난다. 여기서는 두뇌 변화를 설명하는 게 초점이 아니므로, 청소년기의 두뇌가 '정상이 아니'라는 것만 체크하고 넘어가자.

청소년은 겉모습만 보면 다 성장한 듯 보이지만, 실은 그렇지 않다. 20대 중반까지도 인간의 뇌는 성장을 멈추지 않는다. 청소년들이 종종 우울해하거나 충동적이며 무모해 보이는 것은 그 때문이다. 단순한 태도의 문제가 아니라, 여전히 발달 중인 두뇌가 집중적으로 재편성되는 과정에 돌입하기 때문에 청소년들이 다소 비정상적으로 보이는 것이다.

부모도 청소년기 아들에게는 그에 걸맞게 기대치를 조정할 필요가 있다. 겉으로 분별력을 갖춘 듯 보인다고 해서, 정말로 분별력 있는 행동을 기대해서는 안 된다. 아들은 가끔씩 어이없을 만큼 불합리한 행동을 한다. 아들 키우는 일이 너무 힘들고 절망적이어서 다 포기하고 싶은가? 그런 위험에 빠지기 전에 아들의 상태부터 정확히 짚고 가자.

청소년기 아들은 무슨 이야기든 단편적으로 한다. 어떤 질문을 해도 돌아오는 대답은 한두 마디뿐이다. 엄마로선 감당하기 쉬운 일이 아니다. 한때는 귀엽고 사랑스러웠던 아들 녀석이 어느새 훌쩍 커버린데다가, 지저분하고 이상야릇한 냄새까지 풍기는가 하면, 음산하고 굼뜬 짐승으로 돌변해 있다. 유일한 대화는 잠시 눈을 흘기거나 어깨를 으쓱하고선 내뱉는 "몰라." 한 마디뿐이다.

그러나 엄마들이여, 아들을 두려워하지 마라! 청소년기 남자아이들은 원래 그런 것이다. 다음의 세 가지 사실만 기억한다면 청소년기 아들을 좀 더 쉽게 이해하고 아이들과 가까워질 수 있을 것이다.

☆ 겁을 내지 마라

엄마는 아들을 향한 두려움부터 극복해야 한다. 청소년기란 얼마든지 기상천외한 일을 도모할 수 있는 시기다. 침착한 아이 조차 깜짝 놀랄 만한 사건을 저지를 수 있다. 남자 청소년들이 벌이는 일은 원래가 그렇다. 우리 아이만 유별나서가 아니다. 책임감 있고 합리적이며 이성적인 어른이 되기 전 잠시 스쳐 지나가는 순간에 불과하므로 크게 걱정하지 않아도 된다.

☆ 아들만의 공간을 허락하되, 방임 상태로 놔두지 마라

청소년은 자기만의 공간이 필요하다. 하지만 이와 동시에 체계적인 한계와 규칙 또한 필요하다. 아이 혼자 방치하는 일만큼은 부모로서 결코 해서는 안 된다. 아들은 지금 제정신이 아님을 기억하자.

그러나 한계와 규칙이 갑자기 많아지면 아들은 당연히 반항하게 된다. 아들에게 자신만의 공간을 마련해주되, 질서와 자유 사이에서 균형을 잃지 않도록 주의하라.

☆ 정해진 규칙은 엄격히 지키게끔 하라

청소년 아들에게 엄마는 자유와 함께 한계를 정해주어야 할 뿐 아니라, 정해진 규칙을 철저히 지키게끔 해야 한다. 물론 아이가 성장하는 동안 아이와의 협상을 통해 규칙은 계속해서 바뀌어야 한다. 그리고 협상이 마무리된 뒤에 정해진 규칙은 엄격하게 준수돼야 한다.

요즘 청소년기 아들들은 예전보다 독립심이 강해졌지만, 그럼에도 엄마의 도움과 보호는 필요하다. 아들의 여자 친구 이야기도 스스럼없이 들어줘야 하고, 술과 담배 문제를 다룰 때도 엄마로서 책임 있는 모습을 보여주어야 한다. 아들이 청소년기라고 해도 자주 안아주고 사랑한다는 말 또한 자주 하라.

그렇다고 무례한 행동을 참아줘서는 안 된다. 예의에 어긋난 행동은 어떤 것도 용납하지 마라. 그래야 엄마의 위엄이 서게 되는 것이다.

아들이 원하지 않아도 엄마는 학교 행사에 항상 참여하는 것이 좋다. 엄마가 늘 자기 곁에 있어줬다는 사실은 아들의 기억 속에 영원한 추억으로 남을 것이다. 아들과 함께 영화나 비디오도 가끔 보길 권한다. 아들이 좋아하는 영화를, 아들이 좋아하는 피자나 치킨을 먹으면서 보는 것이다. 아들 앞에서 엄마가 크게 방귀를 뀌어주는 것도 괜찮다. 엄마가 항상 위엄 있는 존재일 필요는 없다. 가끔씩은 재미있는, 어쩌면 그냥 아줌마 같은 모습도 보여줄 필요가 있을 것이다.

PART ❷

남녀 차이에 대한 올바른 이해

01 아들과 딸은
서로 다른 별에서 왔다?

하이힐과 피터 팬

남자와 여자의 행동이 얼마나 다른지는 구두 매장에 가보면 쉽게 알 수 있다. 내 아내는 구두를 사랑한다. 구두 마니아 수준까진 아니어도 구두라면 길을 가다 넋을 놓고 쳐다보는 정도는 된다. 나와 외출할 때도 구두 매장이 눈에 들어오면, 싫다는 나를 억지로 끌고 가 사지도 않을 구두 삼매경에 시간 가는 줄 모른다.

남자들은 구두를 고를 때 디자인보다 중요하게 보는 게 있다. 가령 강도를 만나 도망칠 때 과연 쓸모가 있을지도 꼼꼼히 따져본다. 권총을 든 미친 사람에게 쫓길 때나 위급한 상황을 만나

절벽 위를 기어 올라갈 때 벗겨지지 않을 만큼 튼튼한 구두여야
한다.

물론 절벽을 타야 할 만큼 위급한 상황에 처한 적은 여태 단
한 번도 없었다. 그러나 만에 하나를 생각해 사려던 신발을 포
기한 적은 몇 번 있었다. "멋진 구두이긴 해. 하지만 이걸 신고
어떻게 담벼락을 올라갈 수 있겠어?"

남자들은 신발을 고를 때 색과 모양보다는 기능성을 더 많이
따진다. 신발을 신고 얼마나 빨리 뛸 수 있을지, 벽이나 나무를
미끄러지지 않고 올라갈 수 있을지를 먼저 생각한다. 만약 비행
기를 타고 가다 바다에 추락하기라도 하면 어찌겠는가? 신발이
튼튼해야 상어를 만나도 걷어찰 수 있고 육지에 도착했을 때 정
글을 헤쳐 나갈 수도 있을 것이다.

그런데 여자들의 구두는 정말 말문이 막힌다. 아찔한 높이의
굽에 가느다란 끈으로 아슬아슬하게 엮어진 구두를 신고 걸어
다니는데 내겐 거의 묘기처럼 보인다. 만일 이런 구두를 신었
을 때 사자라도 덤벼들면 어쩔 셈인지 내가 다 걱정이 된다. 아
내는 갈고리가 잔뜩 달린 구두를 들이밀며 내게 의견을 묻는다.
나는 중세시대 고문 도구같이 섬뜩하다는 말은 차마 입 밖에 내
지 못한 채 잘 모르겠다며 얼버무리고 만다.

남성과 여성은 달라도 너무 다르다. 어쩌면 설계 도면부터 달

랐을지 모른다. 그래서 '남성과 여성의 두뇌 구조는 완전히 다르다.'는 식의 이야기가 나오는 모양이다. 하지만 '화성에서 온 남자, 금성에서 온 여자' 운운하는 이야기를 떠올리지는 마라. 그것과는 차원이 다른 이야기다.

남자들은 아파트 베란다나 고층 빌딩 발코니에 서면, 머릿속으로 건너편 건물로 건너뛸 방법을 계산하곤 한다. 실제로 행동에 옮기는 사람은 거의 없지만, 어쨌거나 남자 안에는 피터 팬처럼 영원히 자라지 않는 아이가 도사리고 있다.

그렇다면 남성과 여성은 정말 두뇌 구조가 다른 걸까? 두뇌의 성차에 관한 몇몇 주장들은 일부 타당성이 있어 보이기도 한다. 대중 역시 그런 이야기에 귀가 솔깃할 뿐 아니라 쉽게 믿는 경향이 있다. 여기에 대해 과학은 어떻게 이야기할까? 남성과 여성의 두뇌 구조는 어떻게 다르다는 걸까? 그리고 아들을 키우는 부모에게 그것은 어떤 의미일까?

신경과학과 진화론

요즘 신경과학이 주목받고 있다. 각 언론과 전문가들은 물론 일반인들도 신경과학을 자주 언급한다. 신경과학neuroscience이란 뇌를 포함한 여러 신경계에 대해 연구하는 분야를 말한다. 뇌에 대한 사람들의 관심이 높아지면서 신경과학 역시 높은 관심을 받고 있다.

신경과학의 연구 결과를 토대로 남녀 간의 두뇌 차이를 주장하는 각종 언론 보도와 책이 쏟아져 나오고 있다. 〈CNN〉〈뉴욕타임스〉〈타임〉〈BBC〉 등 세계 유수의 매체들 역시 그런 주장에 힘을 실어주고 있다. 그들은 어떤 말을 하고 있는 걸까? 남녀의 두뇌 차이에 대한 이들의 주장을 정리하면 다음과 같다.

- 아들과 딸의 두뇌는 다르게 '설계'되어 있어서 각각 다른 별에서 온 사람처럼 행동한다.
- 평균적으로 여성이 남성보다 훨씬 많은 말을 한다. 여성은 하루에 2만 단어를, 남성은 7천 단어를 말한다고 알려져 있다.
- 여자 신생아는 사람의 얼굴을 보는 것을 좋아하고 남자 신생아는 움직이는 물체를 보는 것을 좋아한다.
- 딸과 아들의 눈은 다르게 설계됐다. 그래서 그림을 그릴 때 딸은 다양한 색깔을 쓰는 반면, 아들은 몇몇 색만 단조롭게 사용한다.
- 남자아이는 두뇌의 감정중추와 의사소통중추가 서로 연결되어 있지 않아 감정 표현에 서툴다.
- 딸의 청력은 아들의 청력보다 7배나 민감하다. 그래서 남자아이들은 여자 선생님의 작은 목소리를 잘 듣지 못하는 경향이 있다.
- 두뇌를 스캔한 영상을 보면 초등학교 입학 시기, 아들은 딸에 비해 두뇌 발달 정도가 6개월에서 2.5년 정도 뒤처져 있다.

모두가 그럴듯하면서 동시에 약간 오싹한 이야기다. 문제는 소아과의사, 심리학자, 교사, 부모, 정치인들이 이런 주장을 반복 재생산하고 있다는 점이다. 이러한 주장에 두뇌를 스캔한 '사진'이라도 첨부되면, 다들 반박할 수 없는 사실로 받아들여 버린다. 동시에 이는 '아들들의 위기'를 주장하는 사람들의 지지 기반이 되고 있다.

진화론과 자연선택설 또한 이러한 주장을 뒷받침하고 있다. 남성과 여성의 두뇌 설계가 다르다는 주장은 흔히 선사시대 여성과 남성의 역할 차이에 관한 '가설'에서 비롯되었다.

여성은 열매와 뿌리, 곤충 등을 채집하느라 손가락이 예민하고 민첩하게 발달했다. 또 동굴에서 주로 아이들을 돌보며 지내느라 집단 안에서 벌어지는 문제에도 무척 예민하게 반응하도록 발달됐다. 즉 여성은 채집과 자녀 양육에 적합한 사회관계망을 형성했다.

남성은 밖에 나가 몸집이 큰 짐승을 사냥했다. 그러다 보니 무모함과 희생정신이 발달했고 보다 더 용감해질 필요가 있었다. 반면 남성에겐 감정이입과 공감 능력을 개발할 필요가 별로 없었다. 사실 매머드를 죽이느라 너무 바쁘기도 했다.

그럴듯한 가설이지만 다른 각도에서 보면 정반대의 결론을 이끌어낼 수도 있다. 다음 글을 읽어보자.

소규모 집단생활을 했던 원시인들은 종종 다른 집단과 충돌하는 경우가 있었을 것이다. 창과 몽둥이 따위를 들고 있는 낯선 무리와 마주치는 순간 어떻게 대처했을까? 일단 상대방의 의도를 파악하는 게 중요했을 것이다. 본래 사회적인 동물인 인간은 다른 인간과 공존하기 위해서라도 상대의 감정을 읽을 필요가 있었다.

맞은편에 창을 들고 서 있는 무리의 심리 상태를 파악하기 위해 나섰던 사람은 누구였을까? 당연히 남성들이다. 그러니 원시인 남성이 상대방의 감정을 판단할 필요가 없었다는 말은 설득력이 부족하다. 오히려 가슴팍에 창이 꽂히는 위험을 피하기 위해서라도 원시인 남성들은 상대의 감정에 이입하는 기술을 개발할 수밖에 없었을 것이다.

여성들이 열매를 채집하거나 양육만 했을 거라는 가정 또한 달리 생각할 수 있다. 여성이 열매를 따기 위해 설마 가까운 슈퍼마켓에라도 들렀을 거라고 생각하는가? 여성 역시 5백 킬로그램이 넘는 호랑이, 늑대, 독수리 같은 맹수를 상

과학은 많은 영역에서 진보를 가져왔다. 문제는 과학 자체가
아니라, 과학이라는 외피를 쓴 모호한 주장들이 우리의 판단을
흐리게 한다는 데 있다.

02 아들은 딸에 비해
두뇌 기능이 떨어진다?

남녀의 두뇌 차이에 관한 Q&A

아들과 딸은 두뇌부터 다르다는 이야기를 참 많이 듣는다. 여러분도 그럴 것이다. 그러나 그러한 주장과 진술 뒤에 어떤 진실이 숨어있는지 우리가 직접 확인할 필요가 있다. 특히 아들을 키우는 부모라면 그런 이야기 때문에 온갖 불필요한 고민을 하게 될 테니 말이다.

이제부터 아들의 뇌에 관한 여러 주장을 조목조목 뜯어 살펴보도록 하자.

☆ 여성은 하루에 2만 단어를, 남성은 7천 단어를 말한다.

- 사실이 아니다.

정말로?

- 그렇다.

확실한가?

- 확실하다.

그렇다면 수없이 들어본 이 말은 대체 어디서 나온 건가?

- 이와 비슷한 주장은 수십 년 동안 반복되고 있다. 결국 한 연구에서 4백 명의 남녀에게 직접 녹음기를 부착하는 실험을 실시했다. 연구 결과 남성과 여성이 말하는 양은 평균적으로 같은 것으로 드러났다.

그렇다면 2만 단어니 7천 단어니 하는 말들은 다 지어낸 이야기라는 뜻인가?

- 그렇다.

☆ 여자 신생아는 사람의 얼굴을 보는 것을 좋아하고 남자 신생아는 움직이는 물체를 보는 것을 좋아한다.

- 아니다.

또 아니란 말인가?

- 그렇다.

그럼 도대체 진실은 뭔가?

- 아기를 침대에 눕혀놓고 사람의 얼굴 사진과 움직이는 물체를 보게 하면, 평균적으로 남자아이는 움직이는 물체를, 여자아이는 얼굴 사진을 약간 더 좋아했다.

그게 전부인가?

- 그렇다.

그럼 설득력이 크게 떨어지는데.

- 그렇다. 하지만 성별이나 신경과학을 둘러싼 논쟁에서는 꽤 자주 일어나는 일이다. 전문가를 자처하는 이들이 중복되는 수치가 상당한 통계자료에서 사소한 차이만 쏙 끄집어내 이를 확대 해석해 자신의 주장을 정당화하는 데 사용하기 때문이다.

☆ 딸과 아들의 눈은 다르게 설계됐다. 그래서 그림을 그릴 때 딸은 다양한 색깔을 쓰는 반면, 아들은 몇몇 색만 단조롭게 사용한다.

- 쥐다.

방금 뭐라고 했나?

- 쥐 말이다.

그게 무슨 말인가?

- 위 주장의 상당 부분이 쥐의 눈을 해부학적으로 연구한 결

과를 근거로 했다.

설마, 농담이겠지.

- 아니다.

그렇다면 암컷 쥐와 수컷 쥐의 동공을 관찰한 결과를 아들과 딸이 그림을 다르게 그리는 현상의 이유로 사용하고 있다, 이 말인가?

- 그렇다.

말도 안 된다. 쥐의 눈이라고 하지 않았나?

- 그렇다.

쥐는 야행성이지 않나?

- 그렇다.

그럼 인간의 눈과는 다를 수밖에 없을 텐데?

- 당연하다.

정말 어처구니가 없다.

- 그렇다. 인간의 눈도 남성과 여성 사이에 아주 작은 차이가 존재한다. 그러나 성별 차이보단 인종 사이에서 나타나는 차이가 더 크다.

그렇다면 눈의 인종적 특성에 기초해 아이들을 구별해야 한다는 주장도 나올 수 있단 말인가?

- 제발 그러지 않았으면 좋겠다.

☆ 남자아이는 두뇌의 감정중추와 의사소통중추가 서로 연
결되어 있지 않아 감정 표현에 서툴다.

- 사실이 아니다.

설마 농담이겠지. 이 주장만큼은 꽤 설득력이 있다.

- 설득력 있게 들릴 수는 있지만, 사실이 아니다.

그럼 대체 진실은 뭔가?

- 이 주장은 2001년에 실시한 총 19명의 아동을 대상으로 한
연구에서 비롯되었다.

어떤 연구였는가?

- 먼저 두려운 표정을 지은 얼굴 사진을 아이들에게 보여준
다. 그때 아이들의 두뇌에서 어떤 일이 일어나는지를 fMRI 기능성
자기공명영상로 촬영했다.

- 설득력이 있는 것 같은데?

그렇다. 하지만 이 연구 자체에 한계가 있다.

이를테면?

- 사진을 바라보는 아이의 두뇌를 촬영한 것을 현실에 적용
할 땐 기술적 한계가 있다. 그것보다 더 큰 문제는 실험 대상이
겨우 19명에 불과하단 것이다.

그게 어떻다는 말인가?

- 표본이 너무 적다. 19명 중 단 한 명의 오차만으로도 결과

가 뒤집힐 수 있다는 말이다.

그게 그렇게 큰일인가?

- 엄청나게 큰일이다. 작은 연구 결과 한 가지를 들어 거대한 주장을 펼치는데, 정작 그 연구 자체가 유효한지 확신할 수 없기 때문이다.

이것도 사실이 아니라고 말할 생각인가?

- 아니다.

그럼 사실인가?

- 어느 정도는 사실이다.

그게 무슨 뜻인가?

- 이 주제에 대해서는 아주 복잡한 논쟁이 벌어지고 있다. 하지만 여성이 남성보다 청력이 예민하다는 사실을 인정한다고 해도, 실상 그 차이는 미미해 현실적으로는 큰 의미가 없다.

하지만 자주 들어본 말인데.

- 다시 말하지만 자주 들어본 말이라고 해서 다 사실은 아니다.

☆ 학령기 즈음, 아들은 딸에 비해 두뇌 발달 정도가 6개월에서 2.5년 정도 뒤처져 있다.

- 과장이 지나치다.

무슨 뜻인가?

- 아들과 딸의 두뇌 스캔 사이에 차이를 보여준 연구들은 있다. 하지만 평균차는 적고 개별적인 다양성이 상당히 높았다.

그게 무슨 뜻인가?

- 남자아이 집단, 여자아이 집단 사이에 평균적인 차이가 약간 존재한다. 문제는 각 집단 안에서의 개인차 역시 상당히 크다는 점이다. 따라서 두 집단을 평균적으로 비교하는 것 자체가 별 의미가 없다.

두뇌 스캔 결과란 게 그다지 믿을 만한지 않단 말인가?

- 대충 그렇다. 더구나 두뇌를 스캔한 걸 현실에 적용하는 데도 여러 가지 어려움이 존재한다.

대체 두뇌 스캔이라는 게 뭔가?

- 사실 좀 복잡한 이야기다. 모든 독자가 이 문제에 관심이 있는 것도 아니고, 기술적인 이야기를 따분하게 생각하는 사람도 있기 때문에 따로 설명하겠다.

좋다. 하지만 여성 독자들이 과학이라면 무조건 어려워하고 싫어할 거라 생각하는가?

- 전혀 아니다. 하지만 두뇌 스캔에 관한 수학과 물리학에 모든 사람이 다 나만큼 재미있어할 것이라곤 생각하지 않는다.

비판적 사고가 필요한 때

두뇌 기능에 대한 연구는 인간의 행동을 이해하는 데 지대한 공헌을 했다. 또 다가올 미래에 우리 머릿속의 주름투성이 회색덩어리가 우리 자신과 타인에 관한 사고방식을 바꿔줄 것이라는 데도 의심의 여지가 없다. 하지만 신발을 신기도 전에 뛰려고 하면 안 된다.

이번 장에서 말하고자 하는 핵심은 남녀의 두뇌 차이를 둘러싼 과감한 주장들이 언뜻 보면 진짜 같지만 실제로는 전혀 견고하지 못하다는 것이다. 완벽히 검증된 주장이 아닌데도 일단 제시되면 그 자체로 진실인 것처럼 여겨질 때가 많다.

과학자들은 남성과 여성의 두뇌에서 '약간'의 차이를 발견했다. 그러나 근거조차 불충분한 그 약간의 차이를 엄청난 차이로 둔갑시킴으로써 진실을 왜곡하는 불상사가 벌어지는 것이다. 한편에서는 여전히 이런 일이 반복되고 있고 믿기 힘들 정도로 과감하고 대범한 주장들이 터져 나오고 있다.

앞으로는 신문이나 TV에서 남자아이에 관한 놀랍고도 새로운 '과학적'인 주장을 접한다면 일단 비판적으로 바라보길 부탁

한다. 남자아이들에 관해 들려오는 이야기 역시 대부분 뜬소문일 가능성이 있다.

두뇌를 연구하는 방법에는 여러 가지가 있다. 알파벳 순서로 정리하면 DTI, EEG, MRS, PET, sMRI 등이 있다. 그중 가장 보편적으로 사용되는 게 fMRI, 즉 기능성 자기공명영상이다.

fMRI란 어떤 기계인가? 종합병원에 가보면 사람을 커다란 원통 안에 집어넣고 딸깍거리며 빙빙 돌다가 쿵 소리를 내는 기계가 있다. 그러는 동안 기계와 연결된 컴퓨터는 검사 받는 사람의 뇌에서 무슨 일이 일어나는지 영상으로 찍어낸다.

이 거대한 기계는 혈류산소수준BOLD, Blood Oxygen Level Dependent의 변화를 통해 간접적으로 두뇌 활동을 측정한다. 두뇌 세포의 점화가 활발할수록 혈액 내 산소농도 또한 크게 변화한다는 원리를 바탕으로, 활성화 신호를 아주 작은 3D 정육면체3㎣ 이하인 복셀voxel로 바꾸어 이미지를 형성한다. 디지털 카메라의 픽셀과 비슷한 개념이다.

다시 말해 fMRI는 두뇌 세포의 움직임을 직접 촬영하는 게 아니라 BOLD 신호를 통해 간접적으로 측정하는 것이다.

두뇌 세포가 점화하는 동안 BOLD 신호가 변화를 일으키고, 이것이 복셀로 바뀌면서 이미지를 형성한다.

하지만 fMRI로 촬영한 두뇌 영상을 어떤 과학적 주장의 근거로 삼기에는 여러 난점이 존재한다. 언론 매체에서 흔히 '두뇌 스캔'이라고 부르는 fMRI 영상을 이용할 때 조심해야 할 몇 가지 이유를 알아보자.

- 먼저 두뇌 스캔만으로는 피시험자의 실생활 능력을 알아볼 수가 없다. 기계 안에서 가만히 누운 채로 검사를 받아 나온 결과를 그 사람의 실질적인 능력으로 일반화하기는 어렵다.
- BOLD 신호는 피시험자의 나이 및 건강 상태, 관찰된 두뇌의 부위, 과제 및 자극의 종류, 검사 전 카페인이나 니코틴의 섭취 여부 등에 따라 달라질 수 있다. 즉, 검사의 변동성이 크다.
- BOLD 신호는 같은 사람을 검사해도 측정 시간에 따라 결과가 달라진다. 따라서 기준을 정하기가 어렵다.
- 때로는 관찰 대상이 되는 두뇌의 영역이 너무 작아 복셀 이미지로 나타낼 수 없는 경우도 있다. 현재 과학자들은 $1mm^3$까지 복셀의 크기를 줄이는 연구를 하고 있지만 아직

성공하지 못했다.

- BOLD 신호가 아동의 두뇌 발달 과정에서 어떤 영향을 받는지 밝혀지지 않았다. 일부 연구에서 아동과 성인의 BOLD 신호에 유사성이 있다는 결과가 나왔지만, 아동의 fMRI 스캔이 실제로 어떤 의미를 지니는지를 확인하려면 여전히 해결해야 할 문제가 많다.

- 결과 분석을 위해 사용되는 통계 기법이 실로 복잡하다. 특정 연구 집단의 수치와 다른 연구 집단의 수치가 일치하지 않아 결론 역시 재고해야 한다는 주장을 여러 논문과 문헌에서 찾아볼 수 있다.

여기서 우리가 명심해야 할 사항은 두뇌 스캔이란 도구가 생각보다 분명하고 확실한 게 아니라는 것이다. 즉 fMRI로 뭔가 '입증'됐다고 주장하는 연구들을 살펴보면 사실보단 주장이 더 많다. 그러니 이 영상이 우리 인간에 대해, 특히 우리 아들들에 대해 말하는 바를 무조건 믿어서는 곤란하다.

저명한 신경과학자인 존 T. 브루어John T. Bruer 박사의 말로 끝을 맺는 게 좋을 것 같다. 그는 실생활에서 신경과학의 연구 결과를 등에 업고 개진되는 주장에 대해 오랫동안 우려를 표해왔다.

"신경과학자들은 자신의 연구 성과가 일반 대중이나 교육 현장에 어떻게 전달되는지를 심각하게 고민해야 한다. 특히 기초적인 과학 연구가 현실에 응용될 때 신중에 신중을 기할 필요가 있다. 우리는 흥미와 관심을 갖고 신경과학의 연구 성과를 기대하는 대중에게 신경 구조가 어떻게 정신적인 기능을 수행하는지, 또 그 정신적 기능이 어떻게 행동을 이끌어내는지에 대해 이제 막 과학적 탐문이 시작됐다는 사실을 상기시켜줄 의무가 있다."

 엄마, 아들을 이해하기 시작하다

03 남녀 차이를 과장하는 사이비 과학

믿지 못할 유전학

왜 자녀 양육은 엄마의 전유물처럼 인식되고 있을까? 양육은 엄마의 몫이라는 남자들의 주장에는 과학적 근거가 있는 것일까? 여기 이러한 편견에 일조한 연구 결과가 하나 있어 소개해 볼까 한다.

2008년 11월 4일, 사이언스데일리닷컴 Sciencedaily.com 에 〈미국 과학아카데미〉라는 과학저널의 한 논문에 관한 기사가 실렸다. 제목은 '어머니와 아버지의 역할 차이는 유전자 때문'이었다.

엑서터대학교와 에든버러대학교의 연구팀이 홀아버지와 홀어머니의 양육 모습을 연구한 결과, '남성과 여성의 양육 방식에 차이가 발생하는 것은 서로 다른 유전적 영향력' 때문으로 드러났다고 한다. 연구에서 홀어머니는 음식 먹이기 등 자녀를 직접적으로 돌보는 일에 좀 더 중점을 두었고, 홀아버지는 집안 정리나 음식 마련 같이 간접적인 양육에 좀 더 중점을 두었다.

논문의 수석 저자인 엑서터대학교의 앨런 무어Allen Moore 교수는 "부모는 자녀 양육에 일관성을 가지려고 최선의 노력을 기울인다. 그러나 엄마와 아빠가 자녀와의 상호작용에서 본질적 차이를 보이는 것은 그리 놀라운 일이 아니다. 전통적으로 우리에겐 아빠는 빵을 구해오고 엄마는 자녀를 돌본다는 통념이 있다."라고 말했다.

이 연구에서 흥미로운 대목은 '아빠는 빵을 구해오고 엄마는 자녀를 돌본다.'는 경향에 실제 과학적 근거가 존재한다는 것이다. 즉 유전적인 차이를 인정한 양육 방식이 더 많은 자녀를 양육하는 데 효율적이라는 사실을 과학자들이 밝혀냈다는 주장이다. 전통적인 노동 분담이 부부 사이의 갈등을 줄여줄 뿐 아니라 더 나아가 자녀 수의 확대에 유리하다고 해석할 수 있다는 것이다.

이 연구 결과를 응용하면 우리 가정은 1950년대 전통 사회로 돌아가야 한다는 주장도 나올 수 있다. 남녀 역할 구분, 아버지 어머니의 역할 구분이 확연했던 시대로 말이다. 과학적 연구 결과 앞에서 반론을 제기하기란 쉽지 않다. 특히 유전학 앞에서는 전문가가 아닌 이상 대부분이 쩔쩔맬 수밖에 없다. 하지만 이 연구에 숨어있는 사실 두 가지를 알게 된다면 생각이 달라질 것이다.

첫째, 이 연구에 등장하는 부모들은 원하는 자녀의 수를 정해놓고 그 이상 잉태되는 자녀는 제거한다고 한다. 부모의 넘치는 자식 사랑을 이야기하는 마당에 무슨 날벼락 같은 소리인가?

둘째, 이 연구에서 언급된 홀어머니와 홀아버지들은 사실 인간이 아닌 딱정벌레였다. 정확히 말하면 영국 콘월 주에 서식하는 송장벌레의 일종인 '딱정벌레목 송장벌레과 검정수염송장벌레'가 연구에 사용된 것이다.

자녀 양육은 유전학적으로 엄마가 전담하는 게 합리적이라는 이 연구의 주장을 받아들이기엔 두 가지 큰 난점이 있다. 연구에 등장한 부모가 인간이 아니라 딱정벌레였다는 사실, 그리고 딱정벌레는 예정에 없는 자식은 죽인다는 내용이 그것이다. 일부 곤충 실험 결과에 불과한 것을 가지고 "양육에 대한 아빠들의 태만에 과학적인 근거가 있다."라고 주장하긴 어려울 것이다.

일부 연구자들은 곤충에서 발견된 내용이 마치 인간에게도 적용 가능한 것처럼 주장한다. 내가 보기에 이는 심각한 확대 해석이다. 아마 수많은 이들이, 수많은 과학자들도 내 의견에 동의할 것이다.

이렇게 아들의 두뇌에 관해 말도 안 되는 주장들이 많다. 그런데 이런 왜곡된 주장들에 과학이 자칫 오용될 수도 있다. 아들을 키우는 부모들에게 미칠 파급 효과를 생각하면 굉장히 위험스러운 현상이 아닐 수 없다.

자녀 양육에 관한 조언을 들을 때마다 부모들은 특히 과학적인 근거가 있다고 주장하는 이야기를 냉정히 판단할 필요가 있다. 대단히 확고부동한 사실인 듯 주장하지만 알고 보면 인간이 아닌 다른 종에 근거한 연구 결과일 수 있고 아니면 지극히 개인적인 견해일 수도 있다.

04 남녀 차이에 관한 오해와 진실

딸들의 형편없는 공 던지기 실력

남녀 차이에 관한 논란의 중심인물 중 하나로 미국 위스콘신 대학교의 자넷 쉬블리 하이드Janet Shibley Hyde 교수를 들 수 있다. 그녀가 2005년에 발표한 논문에는 남성과 여성이 동떨어진 존재가 아니라는 탁월한 통찰이 담겨 있다. 실제로 그녀는 남성과 여성에게 비슷한 점이 훨씬 더 많다는 사실을 증명했다.

하이드 교수는 성별 차이에 관해 그간 진행된 연구를 총정리해 보았다. 그동안 추상적 추론, 수학적 능력, 공간지각 능력, 공격성, 조력助力 행동, 성性에 대한 태도, 멀리 던지기 능력, 대화 태도 등과 같은 많은 영역에서 남녀 간의 차이를 알아보는 연구가 진행되었다.

본격적인 연구를 진행하기 전 하이드 교수는 남성과 여성의 심리 변인은 대부분 비슷하지만, 모든 항목에서 비슷하지는 않을 거라는 가설을 세웠다. 그녀는 왜 이런 가설을 세웠을까?

과학 연구는 먼저 가설을 세운 다음, 증거를 수집하고 분석한 뒤 원래 가설이 맞는지 아닌지를 판단한다. 증거 분석을 마친 뒤 "지구는 사실 평평하다.", "엘비스 프레슬리는 사실 죽지 않았다.", "정치인들은 국민을 몹시 걱정하고 있다."처럼 용도 폐기된 가설들을 과감히 휴지통에 버린다.

하이드 교수는 일단 가설부터 세운 뒤, 가장 양질이면서도 가장 과학적으로 연구된 논문들을 수집했다. 이런 작업을 '메타분석'이라고 한다. 관심 분야의 모든 논문을 취합해 살펴봄으로써 일반적인 경향을 정리하고 새롭게 발견된 내용이 있는지 살펴보는 방법이다. 하이드 교수는 총 128가지 능력을 기준으로 기존의 논문들을 분석했다. 그리고 이 128가지의 능력 가운데 남성과 여성이 통계적으로 어떤 차이를 보이는지 살펴보았다.

결과는 놀라웠다. 하이드 교수는 심리 변인 가운데 82퍼센트에서 남성과 여성 간의 차이가 보이지 않는다는 사실을 밝혀냈다. 성별 간 차이가 없는 심리 변인 가운데 23가지를 골라 소개하면 다음과 같다.

❖ 수학

❖ 읽고 이해하기

❖ 어휘

❖ 과학

❖ 업무의 성공과 실패에 대한 귀인歸因

❖ 아동기의 말주변

❖ 표정 관리

❖ 협상의 성과

❖ 남을 돕는 행동

❖ 리더십 스타일

❖ 신경질

❖ 솔직함

❖ 삶의 만족도

❖ 자존감

❖ 행복

❖ 우울증

❖ 대응 능력

❖ 도덕적 추론

❖ 컴퓨터 사용 능력

❖ 도전 위주 직업 선호

❖ 안전 위주 직업 선호

❖ 수입 위주 직업 선호

❖ 권력 위주 직업 선호

　　적어도 이 23가지에서 만큼은 남성과 여성이 동등하다는 말이다.

　　다음에 열거되는 심리 변인은 남성과 여성 사이에 약간의 차이가 있는 것으로 드러난 11퍼센트에 속하는 항목이다. 남성과 여성 중 결과치가 더 큰 쪽을 따로 표시했다.

- ❖ 맞춤법 여성
- ❖ 언어 여성
- ❖ 심적 회전(mental orientation : 내적 이미지를 평면 또는 입체적으로 회전시키는 조작–옮긴이) 남성
- ❖ 공간 지각 남성
- ❖ 웃기 여성
- ❖ 관찰당하고 있음을 의식한 상태에서 웃기 여성
- ❖ 모든 종류의 공격성 남성
- ❖ 신체적 공격성 남성
- ❖ 언어적 공격성 남성
- ❖ 외향성과 단호함 남성
- ❖ 신체에 대한 자부심 남성
- ❖ 단거리 달리기 남성
- ❖ 활동 수준 남성
- ❖ 컴퓨터에 대한 자신감 남성

남성과 여성이 큰 차이를 보인 심리 변인은 총 5.5퍼센트에 불과했고, 내용은 다음 8가지와 같다.

- 기계 조작 남성
- 공간을 시각화하기 남성
- 신체적 공격(일부 연구 한정) 남성
- 관찰당하고 있음을 인식한 상태에서 남을 도와주기 남성
- 자위 남성
- 성관계에 대한 가벼운 태도 남성
- 싹싹함 여성
- 악력 남성

끝으로 남성과 여성 간에 엄청난 차이를 보인 속성은 무엇일까? 남성과 여성이 수행한 모든 작업에 관한 연구 사례를 모아 다시 검토하고 분류한 결과, 양성 간 가장 커다란 차이를 보인 속성은 다음 두 가지였다.

- 물체를 던지는 속도 남성
- 물체를 던지는 거리 남성

즉, 남성과 여성이 가장 커다란 차이를 보이는 영역은 공 던지기의 속도와 거리였다.

엄마와 아들은 비슷한 점이 더 많다

여기 아들을 키우는 부모에게 매우 중요한 메시지가 있다. 특히 엄마에게 중요한 메시지다. 남자인 아들은 여자인 엄마와 다른 점보다 같은 점이 훨씬 더 많다는 것이다. 그리고 남자, 여자 구분 말고 아들과 딸에게 같은 수준의 성취도를 기대하는 것이 합리적이란 점이다.

많은 엄마들이 고개를 갸웃할 것이다. 실제로 엄마에게 아들은 키울수록 알쏭달쏭한 존재다. 어쩌면 아들을 둔 엄마로선 남녀 두뇌가 다르다는 주장에 더 위안을 얻을 수도 있다. 남녀 간에 두뇌가 다르지 않고서야 어찌 제 속으로 난 아들을 그토록 알 수 없단 말인가?

그러나 과학은 그렇게 말하지 않는다. 특히 성별 차이를 연구한 하이드 교수의 논문을 보면 심리 변인의 82퍼센트에서 남녀는 별 차이가 없음이 드러났다. 심리 변인의 11퍼센트에서 중간 정도의 차이가 나타났고, 큰 차이는 5.5퍼센트, 몹시 큰 차이는 단지 1.5퍼센트에 불과했다.

과학은 남성과 여성이 서로 다른 별에서 온 존재가 아님을 말해준다. 그나마 남녀 차이가 매우 큰, 겨우 1.5퍼센트에 지나지 않는 변인은 공을 얼마나 멀리 그리고 빨리 던질 수 있는가라는 매우 지엽적인 문제에 그쳤다.

연구 결과가 의미하는 바를 종합하면 이렇다. 남녀가 무작위로 섞인 집단에서 양자를 구별하려면 수학이나 독해력, 자부심, 주도 양식, 감정이입 등을 테스트하기보단 차라리 공 던지기를 실시하는 편이 낫단 것이다. 공을 가장 빨리, 멀리 던진 절반을 남성, 나머지 절반을 여성이라고 분류하는 게 더 정확할 수 있다는 말이다. 그래도 여전히 남녀 그룹은 잘못 분류될 수 있겠지만 말이다.

아들과 엄마는 능력이나 속성 면에서 다른 점보다 같은 점이 훨씬 많다. 엄마로서 아들의 행동이 이따금씩 이해할 수 없을지라도 아들을 자신과 다른 차원의 존재라고 겁을 내서는 안 된다. 아들 양육은 딸 양육과 크게 다르지 않다. 그러나 벌써 이런 볼멘소리들이 들려오는 것만 같다.

"네, 그렇다고 쳐요. 하지만 정말로 우리가 그렇게 비슷하다면 왜 자꾸 아들이 낯설게만 느껴지는 거죠? 녀석들을 이해하기가 왜 이렇게 힘든 거냐고요?"

좋은 질문이다. 가끔씩 아들은 낯설게 느껴진다. 그건 원래 그들이 그런 존재이기 때문이다.

PART ❸

우리의 아들들,
위기에 빠진 것인가?

01 아들의 사망률이
딸에 비해 세 배나 높다고?

정말로 하늘은 무너지고 있는가?

애니메이션으로도 상영된 바 있는 〈치킨 리틀Chicken Little〉
이야기를 들어본 적이 있는가?

어느 날 하늘에서 떨어진 무언가가 주인공 치킨 리틀의 머리
를 강타한다. 이는 하늘이 무너지는 징조임에 틀림없다고 확신
한 주인공은 그 뒤로 완전히 넋을 잃고 세상에 종말이 왔다고
주장하기 시작한다.

마침내 왕에게도 세상의 종말을 알려야 한다고 판단한 치킨
리틀. 왕을 만나러 떠난 그는 비슷한 종말론자들과 여러 번 마
주친다. 그러면서 교활한 여우의 농간에 빠져 목숨이 위태로운

지경에 이르기도 한다.

그러나 치킨 리틀의 머리를 강타한 게 다름 아닌 도토리로 밝혀지면서 사건은 새로운 국면으로 접어든다. 치킨 리틀이 제대로 사실을 확인하지 않고 성급하게 판단한 결과 주변은 물론 자신에게도 크나큰 위기를 불러온 것이다.

이 이야기의 교훈은 철저한 사실 확인 없이 섣부른 판단을 하면 곤란한 상황에 처할 수도 있다는 것이다. 아들을 키우는 엄마들에게도 치킨 리틀의 교훈이 필요하다고 생각한다. 엄마들이 다른 사람의 말이나 글에 쉽사리 속아 넘어가지 않기를 당부한다.

이번 장의 주제도 같은 맥락에 있다. 아들의 위기를 논하는 언론 보도나 책이 쏟아지고 있는 요즘, 부모들이 사실의 진위 여부를 판단하지 않고 잘못된 위기설에 휘말리고 있진 않은지 돌아보고자 한다. 또한 부모가 두려움에 휩싸여 멀쩡한 아들을 세상의 잘못된 편견 속에 꽁꽁 가둬버리는 일이 없도록 돕고자 한다.

엄마는 내 아들 걱정만으로도 바쁘다

'20대까지 사망률은 남성이 여성에 비해 세 배나 높다.'는 연구 결과를 접한 적이 있을 것이다.

오, 맙소사. 정말이지 끔찍한 소리가 아닌가? 우연의 일치인지 운명의 장난인지, 이번 장을 쓰는 동안에도 나는 TV에서 비슷한 이야기를 하는 소리를 들었다. 이 문제에 대해 충분히 안다고 자부하면서도, 두 아들의 아빠로서 난 온몸에 소름이 돋고 다리가 후들거렸다. 하지만 곧 정신을 차리고 현실로 돌아와 아내에게 물었다.

"어떻게 저렇게 말할 수 있지?"

"그러게."

"사람들에게 겁만 주는 거 아닐까? 대체 무슨 도움이 된다고 저런 말을 하지?"

"그러게."

"사망률이 세 배나 높을 수 있다니, 아무런 의미도 없는 말이잖아."

"그러게."

"실제로 아들 키우는 사람들에게 저런 통계치가 무슨 상관이 있다고?"

"그러게."

아내는 같은 대답을 반복했다. TV를 보다가 분통을 터뜨리는 내 모습에 아내는 이미 익숙해져 있다.

이와 같은 의미 없는 발언은 왜 나왔을까? 이런 통계치는 개

개인에게는 사실 아무 의미가 없다. 20대까지 모든 남성이 모든 여성보다 사망률이 세 배 높다는 뜻이 아니기 때문이다.

우리는 이 수치가 현실에서 어떤 의미를 지니는지 생각해보아야 한다. 구체적으로 아동기, 청소년기, 청년기 아들의 주요 사망 원인을 살펴보자.

아동기의 주요 사망 원인은 질병과 부상이다. 질병의 경우, 우리 부모들은 아들의 면역력을 높여주고 건강한 삶을 영위하도록 지켜주는 일 외에는 할 수 있는 게 그리 많지 않다. 부상을 입는 경우도 비슷하다. 부모로서 당연히 조심하겠지만 아무리 주의를 기울여도 불가항력적인 사고는 일어나기 마련이다.

청소년기의 주요 사망 원인 두 가지는 자살과 자동차 사고다. 아들이 딸보다 위험을 감수하는 경향이 크다는 걸 감안하면, 아들이 딸보다 자동차 사고로 더 많이 사망한다는 사실은 그리 놀라운 게 아니다. 실제로 아들은 딸보다 위험스러운 일을 더 즐기는 경향이 있다. 이는 여태 그래 왔고 앞으로도 그럴 것이다.

위험한 상황을 막기 위해 부모가 할 수 있는 일이 없다는 뜻은 아니다. 부모는 아들이 위험한 일에 뛰어들지 못하도록 최대한 지도해야 한다. 아들은 딸보다 운전을 거칠게 하는 경향이 있다. 그런 아들에게 부모는 안전 운전을 강력하게 요구해야 하며 개선이 없을 경우 자동차 열쇠를 회수해야 한다. 하지만 그렇다고 해도 위험을 즐기는 신이 주신 본성까지 부모가 바꿀 수는 없는 노릇이다.

청소년기 아들의 또 다른 사망 원인을 꼽는다면 자살이다. 전 세계적으로 봐도 자살로 인한 사망률은 딸보다 아들이 높게 나타난다. 예를 들어 뉴질랜드만 해도 아들의 자살률은 딸의 3.2배에 달한다.

그러나 이 통계치를 부정적으로만 볼 필요는 없다. 상황은 분명히 개선되고 있다. 뉴질랜드에서 아들의 자살률은 1992년 이후 24퍼센트나 감소했다. 캐나다와 영국에서도 청소년 자살률이 28퍼센트까지 감소했다.

그런데 아들의 자살률이 감소한다는 사실 역시 한 발자국 더 떨어져서 관찰하면 별 의미가 없다. 통계란 무척 흥미롭지만 일반적인 기준으로 하나의 집단을 설명할 뿐이다. 통계는 지금 당장 내 아들에게 무슨 일이 벌어지고 있는지는 설명하지 않는다.

당신이 어느 나라에서 살더라도 아들의 자살률이 전반적으로 감소했다는 수치는 별로 중요하지 않다. 정말 중요한 관심사는 세상 모든 아들의 일이 아닌, 바로 내 아들의 일이기 때문이다. 그러니 지금 당장 당신 눈앞에서 무슨 일이 벌어지고 있는가에 주목하라.

현대사를 통틀어 아들에 관한 걱정이 끊이지 않았다는 사실을 기억하자. 가령 아들 걱정은 산업혁명 시대에도 있었다. 작은 마을에서 살던 가족들이 직업을 구하기 위해 산업화된 대도시로 이동하면서, 아들에게 미칠 부정적 영향이 제기되었고 온 사회가 우려와 걱정의 목소리를 내놓았다. 20세기 중반 무렵엔 세계 곳곳이 산업사회로 전환되면서 우리 아버지들은 산업 현장이나 사무실에서 대부분의 시간을 보내게 되었다. 그러자 아들들의 가정 내 역할모델이 박탈된 것은 아니냐는 우려가 터져 나왔다.

20세기 말부터 현재까지의 역사를 살펴보자. 이혼과 별거 가정의 증가가 아들에게 미칠 만한 나쁜 영향을 걱정하는 목소리가 점점 높아지고 있다. 게다가 요즘 들어선 지구온난화와 슈퍼박테리아 등 뜻밖의 걱정거리까지 가세해 부모들의 시름을 가중시키고 있다.

그러나 이런 걱정을 하는 게 내 아들의 행복을 위해 무슨 의미가 있을까? 쓸데없는 걱정 따윈 그만 내려놓자.

02 우리 아들
남학교가 좋을까, 남녀공학이 좋을까?

점점 복잡해지는 아들의 학교 선택

내가 어렸을 땐 학교에 가는 게 그리 복잡한 일이 아니었다. 일어나 아침 먹고 책가방을 챙겨 학교에 가면 그만이었다. 우리 부모님은 한동네에 있다는 이유만으로 내가 다닐 학교를 선택하셨다. 인터넷을 검색해 보지도 않았고 머리를 싸매고 고민하지도 않았다. 당시에는 인터넷이란 게 있지도 않았지만, 설사 있었다고 해도 그런 일에 유난을 떠는 게 우스꽝스럽게 보였을 것이다. 가까운 곳에 학교가 있는데 그 밖에 뭘 또 조사한단 말인가?

고등학교 역시 동네에 있는 남학교로 갔다. 부모님에게 무슨 특별한 신념이나 가치관이 있어서가 아니다. 단지 우리 동네에 있는 유일한 고등학교였기 때문이다. 그 학교는 100년 가까이 그 자리에 있었고, 난 그 동네에서 계속 살았기 때문에 자연스럽게 그 학교에 들어간 것이다.

옛날에 비해 요즘은 학교 선택이 훨씬 복잡해졌다. 남자아이를 가진 부모에게 학교 선택은 매우 중대한 문제가 되었다. 아들을 둘이나 키우는 내겐 나만의 뚜렷한 소신이 있다. 내 아들들에게 최선의 교육은 무엇일까, 숱한 통계치와 주장들을 살펴보며 치열하게 고민했다. 이데올로기가 아닌 오로지 과학적인 사실에 입각하여 내 두 아들을 위한 최선의 선택을 하고 싶었기 때문이다. 남자아이들의 학교생활은 어떤지, 남학교와 남녀공학 사이의 차이는 어떤지, 부모로서 할 일은 무엇인지에 관해 관심이 많았다.

그러나 논란이 뜨거운 만큼, 여기서는 가능한 한 상황을 균형 있게 평가하는 것에 중점을 두고자 한다. 부모로서 내 아들이 학교생활을 잘하게끔 돕는 방법에 대해선 PART 5에서 다룰 예정이다.

남자아이의 학업 수행 능력

남자아이의 교육이 위기 상황이란 이야기가 점점 자주 들려오고 있다. 남학생의 학업 수행 능력이 여학생에 비해 계속 뒤처지고 있으며, 대학에서도 낙오되는 남학생의 수가 점점 늘어나고 있다고 한다. 사실일까?

어느 정도는 사실이다. 남자아이는 여자아이보다 읽기와 쓰기 능력이 떨어지는 반면, 수학과 과학에선 여자아이를 앞지른다는 연구 결과가 지난 수십 년간 세계 곳곳에서 보고되었다. 그런데 요즘 들어 수학 과목에서도 여자아이들이 남자아이들을 크게 따라잡고 있다고 한다. 이에 대한 증거로 읽기와 쓰기, 수학의 평균 점수 차이가 인용되고 있다. 또 읽기 장애를 겪는 남학생의 수가 더 많다는 통계와 대학에 등록하는 남학생의 수가 줄어들었다는 통계 등이 증거로 제출되었다.

1949년부터 2006년 사이 미국 남학생들의 대학 진학 비율을 살펴보면 조금 놀라울 것이다.

1949	70%
1959	64%
1969	59%
1979	49%
1989	46%
1999	44%
2006	42%

※ 연도별 미국 남학생의 대학 진학률

처음 이 수치를 보았을 땐 나 역시 다소 의기소침해졌다. 성적표의 상단을 여학생들이 죄다 차지한다면 내 아들들은 시궁창 같은 인생을 살게 되지는 않을까 하는 걱정도 들었다. 내 아들들은 중고등학교에서도 성적이 나쁠 뿐 아니라, 간신히 대학에 들어간다고 해도 여학생들의 그늘에 가려 어깨 한 번 못 펴고 살 것 같았다.

그러나 남자아이와 여자아이의 인지능력을 비교한 수많은 연구 결과를 검토해보면 남녀 사이에 실질적인 차이는 없다. 특정 능력에 평균차가 약간 존재하긴 하지만 의미 있는 결과라고 볼 수는 없다.

남학생이 여학생에 비해 정말 뒤처지는 걸까?

왜 남자아이와 여자아이의 능력에는 차이가 있는 것처럼 느껴지는 걸까? 거기엔 크게 세 가지 가능성이 있다. 첫째, 생물학적 차이 또는 '설계도'의 차이다. 둘째, 학교의 여성화 현상이다. 셋째, 성별에 의한 성향적 차이다. 과연 이 세 가지가 남녀 능력의 차이를 만드는 원인인지 하나씩 살펴보기로 하자.

☆ 아들과 딸은 '설계'부터 다르게 되어 있다?

이미 살펴보았지만 "아들은 딸보다 청력이 약하다, 아들과 딸의 눈은 다르게 설계되어 있다, 아들과 딸의 두뇌 발달 속도가 다르다.”라고 주장하는 사람들이 있다. 아들과 딸이 설계부터 다르다는 주장이다. 이런 주장을 하는 사람들은 아들과 딸은 다른 공간에서 다른 방법으로 교육해야 한다고 믿는다. 그래야만 각자의 실력을 제대로 발휘할 수 있다는 것이다.

단성單性학교 대 남녀공학의 논쟁은 잠시 뒤 살펴 볼 것이다. 또한 남녀의 청력과 눈에 대한 차이는 다소 과장된 주장이란 걸 앞에서 이미 밝혔다. 여기서는 남녀 두뇌 발달에 차이가 있다는 주장에 대해 확인하고 넘어가자.

만 5세에 학교를 다니기 시작할 경우, 아직 읽기를 배울 만큼 두뇌가 충분히 발달하지 못한 남자아이는 여자아이만큼 글을 잘 읽을 수 없다고 한다. 이 시기의 남아는 여아에 뒤처지는 것이 당연하고, 그러다 보니 읽기 자체를 싫어할 수도 있다는 것이다.

그럼 어떻게 해야 할까? 아직 학교에 다닐 준비가 되지 않은 아들들은 모조리 집으로 데려와야 하는 걸까? 그건 아니다. 잘 생각해 보면 그 주장이 사실이 아닌 걸 쉽게 알 수 있다.

이 주장은 과거 5년간 실시되었던 두뇌 개발에 관한 대규모 연구 결과에 근거하고 있다. 만 3세부터 만 27세 사이의 남녀 387명을 MRI로 촬영한 미국정신건강연구소의 연구 결과에 기

초한 것이다. 연구 결과 아들과 딸 간에 두뇌 발달 차이가 발견
되었다. 두뇌의 앞부분인 전두엽의 성장은 딸의 경우 만 10.5세
에, 아들의 경우 만 11.5세에 최고조에 달한다는 사실이 드러난
것이다. 아들과 딸의 두뇌 발달 경로가 다르다는 사실이 드러난
마당에, 아들이 딸보다 한 해 늦게 입학해야 한다는 주장은 맞
는 말처럼 들린다.

그러나 사실은 그렇지 않다. 연구팀은 이 같은 연구 결과와
더불어 다음과 같은 주의 사항을 살짝 붙여놓았다.

> ※ 주의 사항 : 남성과 여성에서 발견된 두뇌 크기의 차이를 기능적
> 강점 또는 약점으로 해석해서는 안 된다.

이 연구 결과를 가지고 실제 딸과 아들에게 뇌 기능 차이가
있다고 말해서는 안 된다는 말이다. 연구자들은 자신들이 발견
한 내용이 꽤나 흥미롭고 다양한 해석이 가능하더라도 확대 해
석하지 않도록 주의하라는 당부를 잊지 않고 있다. 그렇다면 이
연구 결과가 우리 아들들의 학교생활에는 어떤 의미가 있을까?

아무 의미가 없다. 논문 어디에도 아들과 딸의 학교교육에
대한 언급은 없다. 아들이 딸보다 1년 늦게 입학해야 한다는 내
용은 눈 씻고 찾아봐도 없다. 내 두 아들은 모두 만 5세에 초등

학교에 입학했고 읽기를 할 수 있으며 몹시 즐기기까지 한다. 아들과 딸의 두뇌에 약간의 차이가 존재하기는 하지만, 그것이 학교에서 나타나는 남녀 간 학습 격차를 설명하진 못한다.

☆ 학교가 여성화되었다?

잠시지만 나도 이런 주장에 속아 넘어간 적이 있다. 부끄럽지만 사실이다.

> 현대 교육제도가 대체로 여성에 의해 운영됨에 따라 학교 현장 또한 여성적 가치관이 지배하게 되었다. 그 결과 학교는 남자아이에게 적대적인 문화를 발달시켜 왔고, '평범한' 남자아이들의 행동은 여성적 문화에서 보면 '나쁘게' 보일 수도 있다. 결국 남자아이들은 자신과 맞지 않는 방식을 강요받게 되었고, 곧 남자아이들이 뒤처지는 건 당연한 결과인 것이다.

그렇다면 이러한 현실을 어떻게 해결해야 좋을까? 학교에 남성 인력을 더 많이 보내 남성적인 문화를 마구 심어 바로잡아야 할까?

학교의 여성화를 우려하는 목소리가 점점 높아지고 있다. 교육자와 정치인들도 이 문제를 바로잡기 위해 교육 현장에 더 많은 남성 인력을 투입하라고 요구한다. 남성 교사가 많아지면 남자아이의 학업 수행 능력이 저절로 향상될 거라고 믿는 것이다.

그러나 이런 주장에는 전혀 근거가 없다. 실제로 교사의 성별은 학생들에게 결정적인 영향을 미치지 않는 것으로 보인다. 예를 들어 만 11세 학생들로 구성된 영국의 개별 학급 413곳 _{남성 교사 113명·여성 교사 300명}을 살펴본 결과, 교사의 성별이 남녀 학생들의 학업성적에 영향이 있다고 할 만한 결과는 얻지 못했다. 163개 학교, 총 251명의 교사와 5,181명의 학생들이 참가한 네덜란드의 한 연구에서도 교사의 성별은 학생의 학업 성취도나 태도, 행동에 어떠한 영향도 미치지 않았다.

이 같은 결과가 나온 이유는 우선 교실에서 남성 교사와 여성 교사의 행동이 다르지 않기 때문이라 추정할 수 있다. 흔히 남성 교사는 엄격한 반면 여성 교사는 관용적일 거라는 선입견이 있다.

그러나 영국의 51개 개별 학급 _{남성 교사 25명·여성 교사 26명}을 관찰한 한 연구 결과는 그런 통념과 매우 달랐다. 교사들과 학생들의 상호작용을 면밀히 관찰하고 분석한 결과, 학생에 대한 교사의 태도는 성별이 아닌 개별 교수법으로 구분되었다. 즉, 교수법이 자유롭고 엄격한 것은 성별 차이보다는 개개인의 교습 방식 차이에 따른 것이었다.

예를 들어 교사들은 남자든 여자든 모두 학생들에게 조용히 앉아 있으라고 지시하지 않는가? 적어도 우리 어린 시절에는 수업 시간에 조용히 앉아 있는 게 당연했다. 그건 우리 위 세대에서도 마찬가지였을 것이다.

교육적 성취도나 태도 또는 행동의 관점에서 보면, 우리 아들들에게 선생님의 성별은 그다지 중요하지 않다. 여성 교사나 '여성화된 교실'에 대한 우리의 선입견 또한 생각만큼 정확하지 않다. 예전에 비해 요즘엔 여성 교사가 압도적으로 많은 것이 사실이다. 그러나 여성 교사가 많아졌다는 사실만으론 학교가 여성화되었다는 주장을 입증하는 데 충분하지 않다.

☆ 아들과 딸의 성향 차이가 학업 성취의 차이를 설명해준다

어느 날 한 여성 의뢰인이 자기 아들과 같은 반 남자아이들의 이야기를 들려주었다. 학부모 일일 교사로 아들의 학급을 방문했던 그녀는 학생들에게 미리 암기할 단어 목록을 나눠준 다음 다 외웠는지 확인하는 일을 맡았다고 한다.

"남자애들은 여자애들과 달라도 너무 달라요."

"어떻게 다른데요?"

"여자애들에게 앞으로 나와서 내가 부르는 단어를 써보라고

하면 시키는 대로 하고 다시 조용히 제자리로 돌아가죠."

"남자애들은요?"

의뢰인은 두 눈을 반짝이며 대답했다.

"엄청 까불죠. 얼토당토않은 말을 마구 지껄이고……. 아무튼 남자아이들은 뭔가에 집중하질 못하더군요."

"왜 그런다고 생각하십니까?"

여자는 어깨를 으쓱하며 대답했다.

"남자애들이니까요."

여자가 목격한 남자아이들의 행동은 지금껏 우리가 살펴본 모습과 상당히 일치한다. 실제로 남학생과 여학생은 학교생활 모습이 꽤 다르다. 몇 시간만 학교에서 지내봐도 누구나 알 수 있다. 남자아이들은 이리저리 내달리고 고함을 질러대는 반면, 여자아이들은 무리지어 조근조근 수다를 떤다.

바로 이런 모습 때문에 남학생과 여학생의 학업 성취도 차이가 남녀 성향 차이에서 비롯된다고 생각하는 것이다. 그렇다면 정말로 여학생이 학교 환경에 더 잘 맞는 것일까?

그동안 '성향'이라는 요인이 남학생의 학업 성취도에 어떤 영향을 끼치는지 알아보는 수많은 연구가 진행되었는데, 결과는 꽤 흥미롭다. 남학생의 경우 자신이 좋아하는 일을 하고 있는지 여부가 학업 성취도에 가장 중요했다. 학교 교과목의 상당수가 지루하고 따분하다는 점을 고려해보면, 지루함을 그럭저럭 참아낼 수 있는 여학생들이 학업 수행에 좀 더 유리할 가능성이 있다.

나 또한 고등학교 수학 시간을 떠올려보면 수십 년이 지난 지금도 하품이 나올 만큼 지루하고 따분했던 기억뿐이다. 당시에는 벡터vector를 어떻게 곱하는지 전혀 알지 못했을뿐더러 관심조차 두지 않았다. 그것은 지금도 마찬가지다. 지금도 나는 계산기가 없으면 곱셈이나 나눗셈을 제대로 하지 못한다. 하지만 분명히 말하건대 수학을 못하는 건 나의 능력 범위를 넘어서서가 아니다. 단지 하기 싫어서일 뿐이다.

곱셈이나 나눗셈을 못한다고 사는 데 지장이 생기는 건 아니잖는가? 사칙연산에 서툴러서 직장을 잃었다는 얘기는 여태 들어본 적이 없다. 그저 별로 중요해 보이지 않은 일에 신경을 쓰고 싶지 않을 뿐이다. 나는 어쩌면 벡터가 무엇인지 이해하지 못한 채 무덤으로 들어가게 될지 모른다. 남학생들이 공부를 잘하게 만들기 위해서는 배움 자체를 즐길 수 있도록 배려하는 게 무엇보다 중요하다는 사실을 지적해두고 싶다.

또 하나 흥미로운 사실은 남학생들은 대체로 학교에 관한 근심 걱정이 덜한 반면, 막상 불안감을 느끼게 되면 여학생들에 비해 더 큰 영향을 받는다는 점이다. 보통의 경우 남학생은 여학생에 비해 공포를 덜 느끼지만, 일단 스트레스를 받으면 여학생에 비해 훨씬 심하게 흔들리는 경향이 있다.

흥미로운 연구 결과는 이외에도 많이 있다. 영국의 한 연구팀이 남자 고등학교와 여자 고등학교를 각각 하나씩 골라 상위권 학생 310명을 대상으로 학습 습관을 살펴보았다. 그 결과 남학생들은 여학생들보다 집에서 공부를 덜했지만 성적은 더 좋은 것으로 나타났다. 즉, 연구 대상인 남학생들은 짧은 시간에 효율적으로 공부해서 더 높은 성적을 올렸다는 말이다.

나의 대학 시절도 이와 비슷했다. 시험공부를 할 때 처음부터 교과서를 공부하기보단 예상 문제를 먼저 뽑아보았다. 그런 전략은 꽤 효과가 있었다. 이는 일부 남학생들이 공부를 조금밖에 하지 않아도 성적이 좋은 이유를 설명해줄 수 있다. 엄마들은 책상 앞에 진득하게 앉아있지 못하는 아들을 몹시 못마땅해한다. 왜 아들이 차분하게 앉아 공부하지 않는지 이해할 수가 없다는 것이다.

성향 차이를 연구한 결과에서 분명하게 드러난 사실은 남학생들의 문화가 상대적으로 규율 위주의 학교와 친화적이지 않다는 것이다. 그래서 남학생들이 문제를 더 많이 일으키고 행동 교정 프로그램에 참가하는 일 또한 좀 더 많다. 그럼 이런 현실이 남자아이의 위기를 반영한다고 말할 수 있을까?

나로선 남학생이 여학생보다 학교에서 문제를 더 많이 일으
킨다는 주장도 다소 의심스럽다. 남학생과 여학생 사이에 '간
격'이 보이는 이유는 남학생들이 퇴보하고 있어서가 아니다. 단
지 여학생들의 향상 속도가 좀 더 빠르기 때문일 뿐이다.

이런저런 이야기를 했지만, 이 대목에서 내가 강조하고자 하
는 사실은 공부 또는 학교생활에 관해 남학생과 여학생의 태도
가 확연히 다르다는 점이다. 하지만 이는 남녀 성향의 차이 때
문이라고 본다. 남학생과 여학생이 학교에서 다른 모습을 보이
는 이유는 두뇌 구조가 서로 다르거나 학교가 여성화되고 있어
서가 아니다.

학교 현장에 부는 안전 과잉 현상도 문제다

자녀를 안전하게 지켜야 한다는 일념이 어이없을 만큼 극단
으로 치닫다 보면, 아이들에게서 사는 재미를 완전히 앗아갈 수
도 있다. 오늘날 학교 현장을 한 번 보자.

학교 운동장은 예전보다 훨씬 넓어졌지만 놀이 기구는 온통
부드러운 것뿐이다. 신 나고 스릴 넘치는 놀이 기구는 모조리
사라졌다. 색깔만 알록달록 화사하지 막상 타고 놀려면 장난감
처럼 시시한 것뿐이다. 예전엔 높이가 3미터나 됐던 밧줄다리
는 지금은 고작 30센티미터밖에 되지 않는다. 거칠던 땅바닥도

푹신한 고무 재질로 바뀌었다.

놀이의 본질도 변했다. 거친 놀이는 죄다 금지되다시피 했고 소란스러웠던 학교 역시 아주 고요해졌다. 피구처럼 몸을 부딪치는 놀이가 사라졌고 뉴질랜드와 호주의 일부 학교에선 달리기마저 금지했다. 심지어 학생들끼리 몸을 건드리는 것조차 금지하는 학교도 있다고 한다.

1등을 하지 못한 학생들이 상처를 입을까 봐 설상가상 요즘 학교에선 '경쟁'이라는 개념 자체가 사라지고 있다. 요즘 아이들은 모두가 1등이다. 재능을 타고난 운동선수가 열심히 훈련하고 노력한 결과 대회에서 1등을 하더라도 꼴찌보다 더 많이 인정받지도 못한다.

오늘날 대부분의 서구 사회는 위험 요소라면 티끌만한 것조차 끔찍이 싫어한다. 전 세계적으로 폭력적인 요소는 학교에서 절대로 허락하지 않다 보니 칼싸움, 총싸움을 즐기는 아이들 또한 매우 드물어졌다. 특히 우리 아들들이 즐길 만한 놀이가 심각할 정도로 사라졌다.

마음껏 부딪치며 뛰어놀 놀이 기구가 사라지고 경쟁이 사라진 학교는 아들들에게 점차 재미없는 곳이 돼가고 있다. 학교가 재미있는 곳이라면 누구나 학교에 가고 싶어 줄을 설 것이고, 그만큼 많은 것을 배울 수도 있을 텐데 말이다.

물론 학업 성취도 면에서 여학생들이 남학생들을 가파르게 앞지르고 있다는 통계치를 간과할 순 없다. "어라, 여학생들 공부 참 잘하는 것 좀 보게." 간혹 나는 논문을 보며 이렇게 중얼거리곤 한다.

하지만 그런 순간에도 애써 이렇게 생각한다. 언뜻 보면 꽤 걱정스러운 남학생들에 대한 이야기도 좀 더 깊이 파고 들어가면 그렇게 나쁘지만은 않다는 사실을 거듭 확인하지 않았던가! 남학생들이 정말 여학생들에게 많이 뒤처지고 있는지에 대해선 좀 더 정확한 사실 확인이 필요하다.

학업 성취도에 관한 통계, 믿을 만한가?

남자아이들에 대한 교육 위기론이 여기저기서 쏟아지고 있지만 나로선 과연 그 실체가 있기는 한 것인지 자못 의심스럽다. 낮은 대학 진학률과 부족한 독해 능력, 읽기와 수학의 부진에 빠진 남학생들을 구해야 한다는 목소리가 곳곳에서 들려오고 있다. 각각의 주장을 하나씩 들여다보자.

☆ 남자아이의 대학 진학률이 떨어진다?

흔히 숫자는 반박할 수 없는 증거라고 말한다. 숫자는 거짓말을 하지 않기 때문이다. 남학생들의 대학 진학률이 세계적으로 감소 추세를 보인다는 통계는 도저히 반박이 불가능해 보인다.
앞서 보았던 미국의 예를 다시 한 번 면밀히 살펴보자.

1949	70%
1959	64%
1969	59%
1979	49%
1989	46%
1999	44%
2006	42%

※ 연도별 미국 남학생의 대학 진학률

이런 수치를 보면 남학생들이 실력이 부족하단 주장을 반박하기 어려워 보인다. 그런데 나는 교육에서 '아들들의 위기'가 과연 언제부터 시작되었는지 혼란스럽다. 왜냐하면 위 통계를 보면 대략 1950년대부터 아들들의 위기가 시작되었다고 말해야 하기 때문이다.

그렇다면 이 세상은 약 60년 전부터 아들들에게 적대적으로 바뀌기라도 했다는 말인가? 정말이라면 그 원인은 무엇일까? 혹시 지난 60년 동안 극성스러운 페미니스트들이 어떤 거대한 음모라도 꾸몄단 말인가?

그래서 이 숫자들을 다르게 보는 방법을 찾아보았다. 만약 이 수치들을 딸들의 대학 진학률로 바꿔 써본다면 어떨까?

1949	30%
1959	36%
1969	41%
1979	51%
1989	54%
1999	56%
2006	58%

※ 연도별 미국 여학생의 대학 진학률

아들들이 공부를 못해서가 아니라 딸들의 실력이 크게 향상된 결과라는 생각이 들지 않는가? 이는 나만의 생각은 아니며 예전에도 같은 주장을 펼친 사람들이 있었다. 위 수치를 놓고 다음과 같은 해석이 가능하다. 1949년 이후 세계는 양성평등을 향해 계속해서 발전해왔다. 그 결과 남학생들의 실력에는 큰 변화가 없는 반면 여학생들의 실력은 가파르게 상승한 것이다. 남학생들이 공부를 게을리했거나 학교에 적응하지 못한 결과는 분명 아니라는 말이다.

☆ 남학생들의 읽기 장애 사례가 더 많다?

나는 얼마 전 한 TV 프로그램에서 읽기 장애로 진단받는 남학생의 수가 더 많다는 주장을 들었다. '아들의 위기론'을 주장하는 연사의 말은 어쩐지 아귀가 맞지 않았다. 읽기 장애로 진단받는 아이들의 숫자도 아니고 읽기 장애로 진단받는 아들들의 숫자가 늘어나고 있다는 주장은 전문가적 관점에서 어딘가 이상했다.

가설을 검증하기 위해 나는 우선 몇 주 동안 우리 도시의 식수원을 감시했다. 유튜브에서 공수특전단 동영상을 보며 배운 대로 은밀히 감시초소를 만들었다. 페미니스트들의 행동을 몰래 지켜볼 요량이었다. 그러나 푸들 비슷한 잡종 개와 조깅을 하는 부인 외에는 페미니스트들의 은밀한 행동 같은 것은 전혀 목격되지 않았다. 자그마치 36일 동안 숲 속에서 버텼지만 식수원에 약을 타는 페미니스트는 단 한 명도 발견하지 못했다. 결국 실험 절차에 뭔가 부정이 개입했을 거라고 확신하고 집에 돌아와 샤워를 하고 뜨거운 차를 한 잔 마셨다.

읽기 장애로 진단받는 남자아이의 수가 훨씬 많다는 사실은 내겐 여전히 미스터리였다. 그런데 애석하게도 당시 나는 이 수수께끼를 거의 다 푼 사람이 있다는 사실을 몰랐다. 이스라엘과 뉴질랜드 출신의 연구자 두 명이 지난 35년 동안 9백 명의 아동을 대상으로 연구를 한 결과, 읽기 능력을 측정하는 방식 자체에 중대한 오류가 있을 수 있다는 사실을 발견한 것이다. 이들이 발견한 사실을 풀어 해설하면 다음과 같다.

- ❖ 아이들의 읽기 능력을 예측하는 데는 통계에 기초한 성별 편견이 영향을 미친다.
- ❖ 이 통계적 편견 때문에 아들에 대한 기대치는 지나치게 높은 반면, 딸에 대한 기대치는 매우 낮다.
- ❖ 결국 기준에 미달하는 아들의 숫자는 많아지고 읽기 장애 진단을 받는 아들의 수 역시 늘어날 수밖에 없다.
- ❖ 한편 읽기 장애로 진단받아야 할 딸들은 정상 판정을 받는다.
- ❖ 통계적 결함을 수정한 결과 아들과 딸의 읽기 장애 진단 정도는 비슷해졌다.

이런 연구 결과가 말하는 바는 무엇일까? 읽기 장애를 겪는 여자아이의 수는 남자아이의 수와 크게 다르지 않을 수 있다는 점이다. 또한 아들들의 위기가 사실보다 과장됐을 수도 있다는 점이다. 어쩌면 남자아이들의 읽기 점수가 나쁘다는 평가에는 일부 극단적인 페미니스트 연구자들의 편견이 반영됐을지도 모른다. 결국 아들이 딸에 비해 실력이 부족하다는 생각은 관점에 따라 달라질 수 있다.

남녀 차이가 아닌 인종이 변수일 수 있다

읽기와 수학에서 아들들의 학업 수행 능력이 문제라 할 수 있을까? 일부 서구 국가들을 중심으로 이런 주장을 담은 책들이 늘어나는 추세인 점은 분명하다. 하지만 일각에서는 아들들의 상황이 생각처럼 심각한 편은 아니며 일부 극렬 페미니스트들의 음모일 수 있다고 주장한다. 이런 논란을 좀 더 분명히 정리할 필요가 있다.

나는 여러 과학저널을 검색하다가 〈아들의 위기boy crisis〉라는 제목의 논문을 어렵사리 발견했다. 내용은 꽤 흥미로웠다.

두 명의 연구자가 있었다. 그들은 이른바 '아들들의 위기'가 정말로 끔찍한 상황인지 직접 알아보기로 했다. 그리고 미국의 999개 초등학교 1만 7,500명의 아동을 대상으로 연구를 기획했다. 정말 많은 학교, 많은 아동을 대상으로 연구한 것이다. 그들이 발견한 내용은 다음과 같다.

❖ 1학년 말이 되면 백인 남학생이 백인 여학생보다 수학을 월등히 잘했다.

❖ 1학년 내내 대체로 백인 남학생의 성적이 우세했다.

❖ 흑인 남학생과 히스패닉 남학생은 일부 영역에서만 강세를 보였다.

❖ 유치원 초기와 3학년 말에는 남학생의 읽기 능력이 여학생에 비해 현저히 떨어졌다.

❖ 4학년까지 성적이 계속 떨어진 학생은 남녀 구분 없이 최하위 그룹뿐이었다.

❖ 1학년부터 3학년까진 남학생의 읽기 능력이 더 나았다.

여기서 우리가 중요하게 봐야 할 점이 하나 있다. 모든 남학생이 아닌 일부 흑인과 히스패닉계 그룹의 남학생에게서만 문제가 나타났다는 사실이다. 그리고 이러한 현상은 미국의 거의 모든 지역에서 나타났다.

성과 인종 변수는 구별해서 접근할 필요가 있고, 이럴 경우 학업 성취도의 문제는 모든 아들의 문제가 아니라 특정 인종 집단의 문제임을 알 수 있다. 여기서 흑인과 히스패닉계 아이들의 학업 수준이 낮은 건 부모의 사회경제적 격차가 반영된 것으로 추정된다.

학업 성취도에 관한 자료를 들여다보고 있으면 어떤 방향으로든 자기가 원하는 대로 주장을 펼칠 수 있다. 실제로 논쟁의 이편저편에 선 이들이 그렇게 하고 있다. 하지만 현명한 부모라면 이들의 극단적인 주장에 흔들리지 않아야 한다.

남학교냐 남녀공학이냐

'아들들의 위기'를 주장하는 사람들은 특히 '남학교냐 남녀공학이냐.'의 선택 문제에서 아들을 둔 부모들을 몰아붙이곤 한다. 당연히 아들은 딸과 분리해 교육해야 옳다고 주장한다. 그 근거는 무엇일까? 대체로 다음의 내용을 이유로 내놓고 있다.

❖ 아들의 두뇌는 딸의 두뇌보다 더 느리게, 다른 양상으로 발달한다.
　진실 : 과학을 지나치게 확대 해석한 것이다.

❖ 아들의 청력은 딸의 청력보다 덜 민감하다.
　진실 : 아들의 청력이 딸에 비해 덜 민감할 수도 있지만 그 차이는 눈에 띄지 않는 정도다.

❖ 아들의 시각 체계는 다르게 설계됐다.
　진실 : 역시 과학을 지나치게 확대 해석한 것이다. 우리 눈은 성별보다 인종에 따른 차이가 더 크다.

❖ 아들과 딸의 성격 차이 때문에 학습에 대한 접근법도 달라야 한다.
　진실 : 성별보다는 개인차가 더 크다.

부모로서 우리가 더욱 궁금한 문제는 남학교가 남녀공학보다 아들에게 더 유리하다고 볼 근거가 있는지 여부다. 남녀공학보다 남학교를 선택해야 하는 근거가 조금이라도 있는 걸까? 나는 이 문제를 직접 확인해 보았다.

남녀공학보다 남학교가 아들에게 더 유리하다는 결론에 도달한 연구 사례를 직접 찾아보면, 결과에 영향을 미칠 수 있는 다른 요인이 많다는 것을 알 수 있다. 무엇보다 부모의 사회경제적 차이가 중요하다. 그런데 연구를 해본 결과 남학교 중엔 사립학교가 많았고 남녀공학 중엔 공립학교가 많았다. 사립학교가 공립학교보다 사회경제적 수준이 높은 것은 부인할 수 없는 사실이다.

우리는 사회경제적 수준이 높은 남학생이 그렇지 않은 남학생보다 평균적으로 성적이 더 좋다는 사실을 잘 알고 있다. 사회경제적 지위처럼 결과에 혼선을 줄 수 있는 요인을 제거하고 다시 연구를 진행하면, 남학교와 남녀공학에서 나타나는 학업 성취도의 차이는 대체로 사라졌다.

여러분도 직접 인터넷을 조사해보라. 아들에겐 남학교가 훨씬 유리하다는 결과를 보여주는 연구 사례가 많다는 것을 확인할 수 있다. 하지만 자세히 살펴보면 그건 사실이 아니란 걸 알 수 있을 것이다. 아들에게 남학교가 유리하다는 결론은 대부분자의적인 해석의 결과라는 말이다.

그러므로 이렇게 말해야 옳다. '일부 남학교'의 '일부 남학생'이 '일부 남녀공학'의 '일부 남학생'보다 성적이 더 좋다고 말이다.

나 또한 훌륭한 남학교를 여럿 보았다. 내겐 남학교냐 남녀공학이냐는 전혀 중요하지 않다. 내가 정말 좋아하고 옹호하는 학교는 그저 좋은 학교뿐이다. 내 아들을 어떤 학교에 보낼 것인가를 결정할 땐 남들의 의견보단 '내 생각에 내 아들에게 가장 좋은 학교는 어디인가?'에 따라야 한다.

다양한 학교와 협력하며 일해오는 동안, 나는 어떤 유형의 학교가 내 아들에게 더 좋은지 주장하는 것 자체가 어리석은 짓이라는 결론에 도달했다. 딸이든 아들이든 학업 성취에 영향을 미치는 요소는 다양하기 때문에, 하나의 잣대로 모든 걸 평가하려 들면 당연히 실수를 저지를 수밖에 없다. 좋은 학교를 선택하기 위해 가장 중요한 요소는 교직원들의 지도력이라는 게 내 오랜 견해다. 교사가 훌륭하면 학교도 그만큼 좋다.

학업 성취도를 높이는 두 가지 주요 요인

남녀 구별 없이 학업 성취도를 높이기 위해 중요한 요인은 따로 있다. 바로 지능과 자부심이다. 많은 연구자들이 이에 동의하고 있다. 지금까지 전 세계적으로 수십만 명의 아동을 대상으로 연구를 거듭하여 얻어낸 결과가 바로 이것이다. 즉 얼마나 똑똑한가, 그리고 자기 자신에 대해 얼마나 긍정적인 감정을 느끼고 있는가가 학업 성취도를 결정한다.

이런 연구 결과가 아들을 키우는 엄마들에게 어떤 의미가 있을까? 먼저 똑똑한 남자를 만나 아기를 낳는다고 치자. 그런 다음 엄마가 해줄 일은 무엇일까?

아이에게 물려줄 유전자에 대해서는 우리가 할 수 있는 일이 그리 많지 않다. 하지만 두뇌 친화적인 환경을 만드는 데는 꽤 많은 일을 할 수 있다. 모차르트 음악을 들려주거나 두뇌 계발용 장난감을 사주는 것도 물론 좋다. 하지만 엄마로서 아들에게 할 수 있는 가장 기본적이면서 중요한 일은 따뜻하고 지속적으로 보살펴주는 것이다.

인간의 기본 지능은 평생 유지된다는 증거가 많다. 살아가면서 지식 등 아는 것은 점점 늘 수 있지만 기본적인 능력에는 변함이 없다는 뜻이다. 그렇다면 부모가 아이에게 줄 수 있는 최고의 선물은 무엇일까? 그건 바로 안전한 환경, 건강한 식단, 따뜻하고 지속적인 보살핌이다. 어린 시절을 편안하고 행복하게 보낸 아이일수록 미래에도 성공적인 인생을 살게 된다.

아이를 기르다가 가끔씩 고함 좀 질렀다고 해서 우리 아이가 바보가 된다는 말은 아니다. 큰소리 한 번 안 내고 자식을 키울 수 있는 부모가 세상에 몇이나 되겠는가? 가끔씩 소리를 지르는 게 아이의 기본 지능을 갉아먹는다면 영리한 내 아들이 갈수록 바보가 되어, 결국 특수학교에 다녀야 한다는 황당한 결론에 이르게 된다. 그러나 걱정하지 마시라. 우리는 이따금씩 자녀들에게 소리를 지를 수도 있다.

하지만 걸핏하면 소리 지르는 게 부모가 하는 행동의 전부라면 아들은 당연히 반발할 것이다. 부모 또한 응분의 대가를 치르게 될 것이다. 매일 고래고래 고함이나 지르며 아들을 키웠다면 아들은 나중에 늙은 부모를 어떻게 대하게 될까? 누구나 언젠가는 늙고 쇠약해지며 미래에는 자식이 당신의 보호자가 될 거라는 사실을 똑똑히 기억해두자.

03 문제의 원인이 엄마에게 있을 때

당신은 조언을 받아들일 준비가 돼 있는가?

엄마는 아들과 친구처럼 가깝게 지내기를 원한다. 함께 수다도 떨면서 무엇이든 허물없이 툭 터놓는 사이가 되고 싶은 것이다. 그러나 현실도 그럴까? 안타깝게도 대부분의 엄마는 아들과의 의사소통을 무척 힘들어한다. 그런데 여기엔 흥미로운 사실이 하나 숨어있다. 아들의 친구가 되고 싶다는 바람에도 불구하고, 엄마들은 정작 자신의 태도는 전혀 바꾸려 하지 않는다는 점이다. 문제의 원인은 자신이 아닌 아들에게만 있다고 생각하기 때문이다.

엄마들의 태도는 대개 이런 식이다. 나 같은 컨설턴트의 말을 예의 있게 잘 듣고 나서 "이야기는 잘 들었지만 나는 본디 그렇게 하지 않기 때문에 실천하지는 않겠다."라고 답하기 일쑤다. 엄마들의 이런 태도는 참으로 안타깝고 또 모순된 것이다. 자신의 현재 모습을 개선할 필요가 있단 걸 스스로 잘 알면서도 그에 필요한 변화는 거부하고 있는 셈이다.

다음은 실제 사례다.

줄리는 열한 살짜리 아이 매튜의 엄마다. 줄리는 아들 매튜와 끝없이 말다툼을 반복하다가 우리 상담소를 찾았다. 싸움의 원인은 어느 집에서나 볼 수 있는, 그렇게 심각한 건 아니었다. 그저 일상적이고 소소한 일들, 이를테면 왜 양말을 아무 데나 획획 벗어던지느냐, 먹고 난 그릇은 싱크대에 좀 담가두면 안 되느냐, 왜 학교에 옷을 벗어두고 오느냐, 왜 씻지 않느냐 등의 문제였다. 싸움의 내용은 몹시 평범했지만 사소한 말다툼이 점점 심각한 사태로 발전한다는 게 문제였다.

줄리가 아들 매튜에게 말했다.

"네가 선생님께 말씀드려."

매튜는 잔뜩 심통이 난 얼굴이었다. 엄마의 말은 들은 척 만 척, 될 대로 되라는 식으로 소파에 깊게 몸을 묻어버렸다.

"얼른 선생님께 말씀드리라니까."

줄리가 아들을 재촉했다.

내가 보기에 줄리는 고압적인 유형은 아니었다. 처음 우리 상담소에 들어올 때부터 느꼈지만 제법 상냥하고 싹싹한 편에 속했다.

내가 줄리에게 물었다.

"시작할까요?"

"저 녀석은 엄마를 존중하지 않아요."

"그게 무슨 뜻이죠? 좀 더 구체적으로 말씀해 보시죠."

"제가 무슨 말만 하면 녀석은 잔뜩 심통을 부리거나 짜증을 내거나 아니면 버르장머리 없이 대들어요."

나는 매튜를 쳐다보았다. 녀석은 의자 팔걸이만 노려보고 있었다. 마치 팔걸이가 시비라도 걸어온 듯한 표정이었다. 겉모습은 착한 소년이었지만 불만 가득한 속내는 감출 수 없었다.

나는 매튜에게 물었다.

"매튜, 너는 어때? 엄마 말이 옳다고 생각하니?"

녀석은 잠자코 어깨를 으쓱할 뿐이었다.

이때 줄리가 끼어들었다.

"뭐야? 그럼 엄마 말이 틀렸다는 거야?"

매튜는 또다시 어깨를 으쓱하며 "아, 몰라."라고 중얼거렸다.

"몰라? 모른다고? 어떻게 모를 수가 있어? 엄마가 옳은지 틀린지 말하면 되는데 뭘 모른다는 거야?"

매튜는 또다시 어깨를 으쓱하며 겨우 이렇게 말했다.

"엄마 말이 옳다고 칠게."

매튜는 마음속에 불만을 감추고 있는 듯했지만 그새 줄리가 다시 입을 열었다.

"엄마가 무슨 말만 하면 넌 왜 항상 불만이고 화를 내는지 모르겠다. 어쩌면 엄마한테 그렇게 말할 수 있니?"

줄리는 매튜의 대답을 기다릴 새도 없이 곧장 말을 이었다.

"엄마가 너한테 말도 안 되는 일을 시킨 적 있니? 없지? 안 그래?"

줄리는 대답할 수 있으면 해보라는 듯 말끝마다 잠깐씩 간격을 뒀다. 그러나 매튜는 이 폭풍 같은 대화에 끝내 참여하지 않았다. 나중엔 어깨를 으쓱하는 제스처까지 다 포기한 채 소파에 더욱 깊게 몸을 묻어버렸다. 비로소 내가 개입할 때가 된 것이다. 나는 우선 매튜에게 자리를 잠깐 비켜달라고 부탁했다.

"어머님, 이 시점에서 우리가 할 수 있는 일은 딱 두 가지입니다. 첫 번째는 제가 깍듯이 예의를 갖춰 대충 그럴듯한 조언을 하고 끝내는 겁니다. 어머님 기분을 상하게 해드리고 싶진 않으니까요."

줄리가 뚱한 표정으로 물었다.

"두 번째는요?"

"두 번째는 어머님 기분을 상하게 할지도 모른다는 걱정 따위 집어치우고 제 생각을 직설적으로 말씀드리는 거지요."

"그럼 두 번째로 하죠. 전 선생님의 진심을 알고 싶어요."

"힘드실 수도 있습니다."

"괜찮아요. 전 어른이잖아요."

"정말입니까?"

"그럼요."

"좋습니다."

"그럼, 선생님의 솔직한 생각을 말씀해 보세요."

"제발 어머님, 그 입 좀 다물고 아들에게 말을 할 기회를 주실래요?"

줄리가 나를 빤히 쳐다보았다. 혹시 내가 잘못 생각했나 싶어 잠시 식은땀이 솟구쳤다. 그런데 줄리가 갑자기 웃음을 터뜨리는 게 아닌가!

'휴우, 다행이다.' 나는 속으로 크게 안심했다.

"진심으로 말씀드리는데 어머님은 정말로 좋은 엄마입니다. 아들을 진심으로 사랑한다는 걸 느낄 수 있어요. 아마 아드님도 그걸 잘 알고 있고 또 엄마를 사랑할 겁니다. 그러나 어머님은 아드님에게 말할 기회를 주지 않아요. 심지어 어머님이 하신 말씀을 곱씹어볼 시간조차 주지 않죠."

“아뇨. 매튜가 제 말에 대꾸를 하지 않는 거예요. 그 애가 입을 꼭 다물고 있는데 제가 뭘 어떻게 할 수 있겠어요?”

“그럼 어머님이 아예 말을 하지 않으면 어떨까요?”

“저까지 입 다물고 있으면 우리 집엔 말이라는 게 씨가 마르고 말 텐데요.”

“그럴 수도 있겠지요. 하지만 아닐 수도 있습니다. 어머님이 말을 줄이면 대신 매튜가 좀 더 말을 많이 하게 될지도 모르죠.”

“아뇨. 그럴 것 같지 않아요. 제가 아무 말도 하지 않으면 우리 집은 완전히 침묵으로 휩싸이고 말 거예요.”

이번에는 내가 어깨를 으쓱했다.

“제 생각은 그렇지 않아요. 사실 어머님의 사례는 전형적인 악순환의 고리에 해당합니다.”

“그게 뭔데요?”

“어머님은 너무 말이 많고 아드님은 입을 꾹 다물고 있죠. 대화를 하자며 어머님이 성화를 부릴수록 아드님의 입은 더 다물어지는 악순환에 빠져있다는 겁니다.”

“전 말이 많은 사람이 아니에요. 그저 아들에게 질문을 한 것뿐이죠.”

나는 그 말에 고개를 끄덕이며 말했다.

“그러실 겁니다. 맞아요. 하지만 아드님에게 대답할 시간을 주지는 않고 있어요."

줄리는 이마를 찌푸렸다.

"얼마나 시간을 줘야 하지요?"

나는 다시 한 번 어깨를 으쓱했다.

"짧으면 1분, 길면 이틀 정도?"

"말도 안 돼요."

"무슨 뜻인지 압니다. 하지만 그렇게 하셔야 합니다."

"진짜 문제는 매튜가 감정을 잘 드러내지 않는다는 거예요. 좀 더 예의 바르게 생각을 표현하는 법을 배워야 해요."

"예의 바른 것도 필요하죠. 맞는 말입니다. 하지만 어머님도 말씀을 하실 때 속도를 조절할 필요가 있습니다."

"조금 속도를 늦출 수는 있겠죠. 하지만 그 전에 아이가 먼저 자기 생각을 분명하게 표현하는 법을 배워야 해요."

나와 줄리의 의견이 팽팽히 맞섰다. '나는 옳고 너는 그르다.' 식의 논쟁으로는 절대 답이 나오지 않는다. 방향을 바꿔야 했다. 내가 물었다.

"개인적인 질문을 해도 될까요?"

"네."

"매튜가 화장실 바닥에 오줌을 흘린 적이 있습니까?"

줄리가 픽 웃었다.

"걸핏하면 그러죠. 아주 힘들어요."

"왜 그런지 아십니까?"

줄리는 고개를 가로저으며 말했다.

"조심성도 없고 철이 없어 그렇겠죠. 자세한 건 몰라요."

"제가 설명해 드리죠."

아들이 화장실 바닥에 오줌을 흘리는 문제는 다음 기회에 좀 더 자세히 다룰 생각이다. 여기서는 엄마들의 모순된 행동에 초점을 맞추었으면 한다. 자신에게 문제가 있다는 사실을 깨달았지만 중요한 조언 앞에서는 머뭇거리는 모습. 그것이 아들을 가진 엄마들의 현실이다.

이는 단지 엄마들만의 문제는 아니며, 어쩌면 인간의 한계일 수 있다. 다들 자신은 객관적이고 이성적이며 합리적인 편이라고 생각하지만, 실제로는 그렇지 않다. 인간의 두뇌는 기계나 컴퓨터가 아니기 때문이다. 인간은 컴퓨터처럼 잘 짜인 행동을 하는 게 아니며, 되레 우리 두뇌가 보내는 은밀한 거짓말에 속으며 사는지도 모른다.

엄마의 자존심보다 아들과의 관계가 더 중요하다면

호주의 인지신경과학자 코델리아 파인Cordelia Fine 박사는 한 저서에서 우리의 두뇌가 실은 허영심이 강하고 감정적이며 비도덕적이고 잘 속아 넘어갈 뿐 아니라 고집이 세고 음흉하고 나약하며 편협하다는 연구 결과를 소개했다. 한마디로 인간의 두뇌는 자기 내키는 대로 행동한다는 말이다.

인간의 두뇌는 모질고 혹독한 현실로부터 스스로를 보호하기 위해 꽤 많은 일을 한다. 한 예로 우리는 자신의 결점보다 상대의 흠을 훨씬 더 잘 찾아낸다. 부모나 남편, 부인의 단점은 얼마나 쉽게 찾아내는가? 남들의 잘못은 척척 잘도 지적하면서 정작 자신의 단점은 좀체 알지 못하는 이유는 무엇일까? 바로 두뇌의 자기 보호 본능 때문이다.

우리 두뇌는 자신의 가장 밝은 면만 볼 수 있도록 진화를 거듭해왔다. 자존감을 보호하기 위해서다. 그렇다고 해서 우리가 자신을 과대 포장하고 우쭐해하는 이기적인 허풍선이라는 말은 아니다. 파인 박사는 이 과정이 무척 섬세하다고 말한다. 우리는 자신의 성격에 대해서는 긍정적인 것을 주로 기억하고 바람직하지 못한 것은 잘 잊어버리는 경향이 있다. 예를 들어 나쁜 짓을 하면 두뇌는 즉각 그럴듯한 변명을 찾아낸다. "맞아, 내가 그랬어. 하지만 내 잘못이라기보단 상황 때문에 어쩔 수 없었어." 이런 식으로 자기 방어를 한다.

우리는 자신의 감정에 쉽게 취하는 경향이 있다. 어떤 일에 신경을 곤두세우고 흥분할수록 이성적으로 판단할 여지는 점점 줄어든다. 또한 우리 두뇌는 황소고집에 가까울 만큼 완고하다. 현명한 조언과 지혜에 동의하는 것처럼 내내 고개를 끄덕였어도 결국엔 동의할 수 없는 이유를 생각해내고 마는 것이다. "뭐, 그렇게 생각할 수도 있겠죠."라는 말로 결론을 내려버린다.

앞서도 말했듯이 이것은 유난히 고집불통인 사람들에게만 해당하는 이야기가 아니다. 나도 그렇고 우리 모두에게 그런 면이 있다. 우리의 두뇌는 불편한 진실을 자꾸만 외면하려고 한다.

04 엄마의 무한한 기대치가 아들을 망칠 수 있다

걱정 많은 엄마, 무심한 아빠

"그래서 어머님이 원하는 게 뭐죠?"

나는 샐리에게 물었다. 샐리는 14살 아들 조시 문제로 남편과 함께 나를 찾아왔다.

샐리의 남편 제프는 옆에 잠자코 앉아 '대체 왜 우리가 이 자리에 있어야 하는지 모르겠다.'는 표정을 하고 있었다. 이런 제프의 모습을 두고 양육에 대한 책임 회피라고 여길 사람도 있겠지만, 상당수의 아빠들은 아내가 자식 문제에 과민하게 대응하는 게 문제라고 반박한다.

샐리가 잠깐 제프 쪽을 쳐다보더니 입을 열었다.

"녀석이 아무 데나 옷을 벗어 던져놓는 게 못마땅해요. 또 자기 방은 깔끔하게 정돈했으면 좋겠어요. 제가 뭐라고 할 때마다 녀석은 입을 삐죽 내밀거나 눈을 흘기는데요. 제발 그러지 않았으면 좋겠어요."

여기서 '녀석'이란 14살 아들 조시를 말한다. 남매 중 맏이인 조시에겐 두 살 아래의 성가신 여동생이 있었다. 남매는 원수지간처럼 사이가 좋지 않았다.

"좋습니다. 그 밖에 또 뭘 원하시죠?"

"원하는 거야 많죠. 녀석과 세 마디 이상 대화라는 걸 나누고 싶어요. 요즘 어떻게 사는지도 알고 싶고요."

"또요?"

"공부를 좀 더 열심히 했으면 좋겠어요. 학교생활에도 더 충실했으면 좋겠고요. 녀석은 제가 무슨 말만 꺼내도 절 이상한 사람 취급한다니까요."

"이상한 사람 취급이라면?"

"제가 무슨 말만 하면 쓸데없는 소리라며 되레 저한테 고함을 질러요."

"그 밖에는요?"

"녀석이 과연 책임감 있는 어른으로 클 수 있을까요? 그러지 못할까 봐 걱정이 많아요. 입만 열면 거짓말을 늘어놓고 온종일 게임에 빠져 사는 게으름뱅이가 되지 않을까 걱정이에요.”

“또 덧붙일 말씀은요?”

“가끔 아들을 안아주고 싶은데 녀석은 그걸 역겹게 생각해요. 제발 그러지 말았으면 좋겠어요.”

나는 씩 웃었다.

“좋습니다.”

“좋다니요? 제가 원하는 대로 다 해주실 수 있단 말인가요?”

“당연히 아니지요.”

샐리는 얼굴을 찡그리며 물었다.

“그럼 얼마만큼 가능한데요?”

“아마, 하나도 안 될 겁니다.”

“가능한 일이 하나도 없다고요?”

“네.”

“오, 이런. 그럼 대체 어쩌라고…….”

“그럼 제가 정말로 어머님이 원하는 모든 것을 다 해드릴 수 있다고 생각하셨어요? 그렇지 않으셨잖아요.”

“가능할 거라 생각했어요.”

“아뇨, 불가능합니다. 어머님이 원하는 대로 다 해드리려면 조시의 머리를 들어낸 다음 거기에 컴퓨터 칩을 집어넣는 게 빠를 겁니다.”

제프가 웃음을 터뜨렸다. 하지만 샐리는 조금 상처를 받은 것 같았다.

"부모님들은 대부분 내 아이가 이랬으면 좋겠다는 소망을 무슨 쇼핑 목록처럼 갖고 다녀요. 저도 그래요. 제 두 아들이 군인이 되어 언젠가는 공수특전단에 지원하길 바라죠. 그래서 저도 묵직한 기관총을 쥐어보는 게 소원이랍니다. 하지만 그런 일은 일어나기 어렵다는 사실도 받아들여야 하지요."

"제가 지금 기관총 같은 특별한 걸 바라는 게 아니잖아요. 전 그냥 제 아들이 좀 더, 뭐랄까, 지금보다는 좀 더……."

"어머님이 바라는 대로 해주길 원한다고요?"

"아뇨. 그게 아니라……, 맞아요. 어느 정도는 그래요."

"하지만 그 부분은 제가 어떻게 해드릴 수 있는 일이 아닙니다. 전 아드님을 현재 모습이 아닌 다른 모습으로 바꿔드릴 수는 없습니다. 다만 어머님이 아드님을 좀 더 잘 이해하도록 도와드릴 수는 있어요. 또 아들을 키울 때 도움이 될 만한 조언을 드릴 수도 있지요. 아드님 자체를 바꿀 수는 없지만 어머님과 아드님의 관계를 좀 더 원만하게 풀어가는 방법은 가르쳐드릴 수 있단 말입니다. 그럼 될까요?"

샐리는 한참 망설인 끝에 고개를 끄덕였다.

"좋습니다. 그럼 이제 어머님이 원하는 것과 현실의 차이를 분명히 밝히고 시작하죠."

"차이라뇨?"

"여기 남편 분을 예로 들어볼까요? 남편 분께선 지금 당장 직장으로 돌아가고 싶어 어쩔 줄 몰라 하고 계십니다. 여기 앉아 있는 것보다 직장일이 더 중요한 것이죠. 그러나 남편 분, 이제 아들 조시를 위해 저와 함께 대화를 나누실 거죠?"

제프는 마른침을 꿀꺽 삼키더니 앉은 자세를 살짝 가다듬었다.

"아, 그럼요. 물론입니다."

엄마의 무한한 욕망이 문제다

앞의 사례에서 샐리는 자신이 아들에게 많은 것을 원하고 있다고 생각하지 않았다. 다만 아들이 건강하고 행복하고 깨끗하기를 바라는, 나름대로 합리적인 소망을 품고 있을 뿐이라 여겼다. 아들을 가진 엄마들 대부분이 같은 마음일 것이다.

위생은 엄마에게 매우 중요한 문제다. 아빠는 엄마가 자녀의 청결에 지나치게 신경을 쓴다고 말하지만, 엄마는 아빠가 태만한 것이라고 생각한다.

엄마는 자식이 멋져 보이길 바란다. 그런데 아빠가 아이에게 옷을 입히면 문제가 생기곤 한다. 아빠는 색깔이 전혀 맞지 않는 옷들을 입혀 아이를 우스꽝스럽게 만들기 때문이다. 엄마는 아들의 바지 무릎에 구멍이 뚫리면 몹시 짜증이 난다. 엄마에게 아들은 입힌 지 몇 초밖에 되지 않는 바지에 구멍을 내는 불가사의한 능력을 지닌 존재다.

영양 면에서도 엄마의 기대치는 아빠보다 훨씬 높다. 엄마는 아들이 과일과 채소를 많이 먹기 바라고 아침밥도 꼬박꼬박 챙겨 먹길 희망한다. 각종 영양소뿐 아니라 미네랄과 비타민 섭취까지 세세히 신경을 쓴다. 반면 아빠들은 피자든 치킨이든 그저 맛나게 배불리 먹으면 그만이라고 생각한다.

엄마는 아들의 학교생활에도 기대치가 매우 높다. 엄마는 아들이 학교에 그저 오가는 것으론 만족하지 못한다. 숙제도 잘하고 발표도 잘해서 선생님과 친구들에게 주목받는 아이로 자라기를 바란다. 이기적이고 버릇없는 아이라고 손가락질을 받는 건 엄마로선 상상할 수도 없는 일이다. 한마디로 공부도 잘하고 성격도 좋은, 모든 것이 완벽한 아들이 되길 바라는 것이다.

엄마는 아들의 친구 관계에까지 과도한 기대감을 갖는다. 아들이 훌륭한 아이들과 어울리기를 바라고 공부를 못하거나 불량한 아이들과는 거리를 두기 바란다. 예의 바르고 반듯할 뿐 아니라 공부까지 잘하는 친구를 사귀어야 하는 것이다. 어른에게 공손한 말투로 "부탁드려요!", "고맙습니다!"와 같은 말을 할 줄 아는 아이, 제 부모에게도 예의 바른 아이만이 아들의 친구가 될 수 있는 것이다.

아들의 여자 친구에 대해선 어떨까? 사실 엄마의 속마음은 아들의 이성 교제를 그다지 반기는 편은 아니다. 그러나 이왕 사귈 거면 반듯하고 예의 바른 아이를 만나기 바라고 심지어 그 가족들의 평판도 좋길 희망한다.

엄마는 아들이 좋은 직장을 구하기를 바란다. 번듯한 직장은 물론 어디 내놔도 자랑스러운 직업을 갖기를 바란다. 더 나아가 사회에서 인정받는 사람이 되어 사회에 좋은 영향력을 행사하는 탁월한 인재가 되기를 바란다. 한마디로 엄마는 아들이 능력과 품성을 두루 갖춘 완벽한 남자가 되기를 원하는 것이다.

엄마의 바람은 여기서 끝나지 않는다. 아들이 착하고 아리따운 여자와 결혼해 귀여운 손자 손녀를 안겨줘야만 비로소 마음을 놓는다. 그리고 공주 같은 손녀를 데리고 쇼핑도 하고 산책도 할 수 있으면 금상첨화다. 들짐승 같은 아들에게는 입힐 수 없었던 분홍색 드레스를 손녀에게 입힐 수만 있다면 엄마에게 더는 소원이 없을 것 같다.

엄마들의 이런 소망이 잘못됐다는 말은 아니다. 지극히 합리적이고 정상적인 소망이라고 생각한다. 아빠인 나조차도 두 아들에게 바로 이런 점을 바라고 있다. 아들의 영양을 소홀히 한

식단에 대해선 나 역시 게을렀다는 점을 인정한다.

그러나 아들에 대한 엄마들의 소원은 애석하게도 실현 불가능한 과도한 욕망에 가깝다. 물론 모든 걸 완벽하게 갖춘 자녀를 둔 부모도 없진 않겠지만, 대부분은 그렇지 않다. 부모의 과도한 욕망은 자칫 아이를 완벽하게 위장된 삶으로 내몰 수도 있다. 약간은 어수선하고 지저분한 아들이 엄마에겐 눈엣가시 같겠지만, 아들에게 부모가 만든 거짓 가면을 씌우는 일은 현명한 부모라면 응당 피해야 한다.

PART ④

엄마에게 아들은
또 다른 남자

01 구시대의 유물, 남성성 논쟁

위해선 반드시 치러야 할 대가다. 피와 진흙은 소년이 살아 있다는 증거와도 같다.

소년은 항상 시끄럽다. 세상을 가득 채울 만큼, 수풀 속의 사자 떼를 몰아낼 만큼, 거인도 덜덜 떨며 숨고 싶을 만큼 요란한 함성을 지를 수 있다. 소음은 소년의 도착을 알리는 신호이자 동지를 찾아내는 방식이기도 하다. 소년에게 침묵이란 없다. 자연스러운 속삭임도 없다. 소년에게 침묵이란 가마솥같이 무더운 한여름, 형이 물려준 헤진 털옷을 뒤집어써야 하는 일만큼 고통스럽다.

소년은 온몸으로 웃는다. 배에서 시작된 웃음이 머리부터 발끝까지 퍼져나간다. 웃음은 소년의 세계에서 가장 진지한 일이다. 웃긴 일이 아니면 과감히 돌아선다. 소년은 가장 바보 같은 일에도 웃는다. 심각한 일에 웃음을 낭비할 순 없는 노릇이다.

친구들 역시 소년과 같은 부류여야 하고 소년의 추종자이자 충실한 벗이어야 한다. 그들은 늘 서로의 등 뒤에 서서 동지가 되어준다. 결코 배신은 없다. 그건 남자가 할 짓이 아니다. 그들은 늘 함께 흥하고 함께 망할 것이다. 뼛속까지 사나이인 소년들은 그런 식으로 살아간다.

열정이 소년을 지배하고 망상이 소년을 이끈다. 소년은

보물을 찾아 헤매는 탐험가다. 돌과 나뭇가지와 벌레와 병뚜껑과 온갖 사소한 물건조차 소년에겐 전혀 사소하지 않다. 소년은 돌멩이와 딱정벌레와 병뚜껑에 숨은 비밀을 알고 있다. 땅속을 파헤치고 발견한 보물은 주머니와 책상 서랍과 선반에 소중히 간직한다.

조용한 시간에는 자신이 발견한 보물을 지그시 바라보며 꽤 오랜 시간을 보내기도 한다. 때로는 보물을 꺼내 광을 내고 고대인들만 아는 신비로운 방법에 따라 보물을 재배치하기도 한다. 어쩌면 시시해 보이는 물건 속에 보물 지도가 숨어있을지 모를 일이다.

소년이 좋아하는 장소는 어른들과 멀리 떨어진 곳, 한마디로 버려진 땅이다. 높은 나무 위나 버려진 창고, 숲 속 공터나 솔방울이 흩뿌려진 진흙더미 강둑일 수도 있다. 이런 곳이야말로 마법의 장소라는 것을 소년은 잘 알고 있다. 완전히 다른 세상으로 가는 관문이자 모험이 시작되는 곳이다.

소년은 꿈속에서 거대한 군대를 거느리고 어마어마하게 높은 산에 올라 커다란 괴물과 맞서 싸운다. 정의를 위해서라면 원정이나 모험도 마다하지 않는다. 모든 위험을 무릅쓰고 모든 성난 강에 대적하며 사나운 바람 같은 적과 싸운다. 검은 기사와도 싸우고 사악한 폭군과도 대적하며 영혼

없는 끔찍한 늑대인간과도 전투를 치른다.

그리고 마침내 이길 것이다.

이렇게 하루를 마감한 뒤 녹초가 된 몸을 이끌고 집으로 돌아온 소년에게 오늘 하루 무슨 일이 있었느냐고 엄마가 물어보면, 그는 어깨 한 번 으쓱하고 이렇게 말할 것이다.

"별일 없었어요. 오늘 저녁은 뭐예요?"

누구에게나 소년은 있다

남녀를 떠나 소년성은 누구에게나 있다. 엄마들도 마찬가지다. 우리는 누구나 모험과 위험과 더 큰 정의를 갈망한다. 모든 아들은 자라는 과정에서 소년성이 조금씩 줄어들지언정 영원히 존재한다. 지금의 모습보다 더 크고 더 나은 사람, 지금의 나를 뛰어넘는 내가 되기를 누구나 소망한다.

문제는 다들 거창한 일을 하고 싶어 하는 와중에도 누군가는 다 떨어진 화장실 휴지를 사와야 하고 정원의 잡초를 뽑아야 하며 고양이에게 기생충 약을 챙겨줘야 한다는 점이다. 높은 산을 오르고 으스댈 수 있는 일을 해야 할 시간에 자꾸만 소소한 일상이 끼어든다.

엄마에게 아들의 소년성 또는 남성성보다 중요한 문제는 현실을 살아가는 아들의 실제 모습이다. 특히 혼자서 아들을 키우는 싱글맘에게 이 문제는 더 어려울 수 있다. 엄마가 아들의 현실에 어둡다면 아들이 제대로 자라고 있는지 어떻게 확인할 수 있겠는가?

사실 남성성의 본질에 대한 논쟁은 시간도 너무 많이 걸리고 결론 또한 쉽게 나지 않는다. 기아에 허덕이는 수단 다르푸르의 난민 캠프에 나가 남성성 논쟁을 취재하고 있는 〈CNN〉 기자 같은 건 본 적조차 없다.

"현장 상황을 좀 설명해주겠습니까, 코니 기자?"

"이 시각 상황은 여전히 유동적입니다만, 유엔 지원 호송 차량이 캠프 안으로 들어간 직후 일부 남성들이 불안감을 느끼기 시작하면서 군중 사이로 남성성의 본질에 대한 논쟁에 불이 붙고 있습니다."

"이번 사태의 배경에 대해서는 어떻게 생각합니까?"

"네. 난민 캠프 내 소수 남성 집단이 가장으로서의 전통적 역할을 박탈당했다고 느끼면서 캠프 내 페미니스트 그룹과 갈등을 겪고 있는 것으로 보입니다."

"이 사태에서 미국인의 개입 여부는 알 수 있나요?"

"지금까지의 취재 결과, 논쟁 과정에 미국인의 개입은 확인되지 않고 있습니다."

"알겠습니다, 코니 기자. 계속 수고해주시기 바랍니다."

"예, 알겠습니다."

"지금까지 현대 남성성의 일반적인 개념을 둘러싸고 뜨거운 논란이 벌어지고 있는 수단 다르푸르의 유엔 난민 캠프에서 〈CNN〉 코니 범블비 기자였습니다. 이제 골프 소식으로 넘어가겠습니다. 방금 타이거 우즈가……."

굶어 죽지 않고 살아남는 게 지상 과제인 다르푸르 같은 곳에서 이런 논쟁이 벌어질 거라고는 생각하지 않는다. 먹을 것도 많고 시간도 남아도는 사람들이 이런 문제에 흥분할 공산이 크다. 그들은 남성성 논쟁을 밥 먹듯이 하고, 그 결과 약간의 소동으로 번지기도 한다.

나는 남성성에 관한 학술 논쟁이 벌어지는 곳에는 얼씬도 하지 않을 생각이다. 단순히 요약만 해도 최소 세 권의 책이 필요한 그런 논쟁 때문에 소중한 나무 몇십 그루가 베여나갈 것이기 때문이다. 게다가 그런 책은 머리만 지끈거리게 할 뿐이다. 나무를 몹시 좋아하고 두통은 몹시 싫어하는 사람으로서, 나는 남성성에 관한 학술적인 논쟁을 모두 건너뛸 생각이다.

무의미한 남성성 논쟁

남성성 논쟁은 원래가 정치적이다. 내가 뭐라고 말하더라도 누군가는 문제를 삼을 게 분명하므로 절대로 합의를 볼 수 없는 주제다. 페미니스트들로부터 '성차별주의자 돼지'라는 비난을 듣든, 남성우월주의자들로부터 '페미니스트들 앞에서 꼬리 치는 강아지'라는 비난을 듣든, 둘 중 하나는 피할 수 없을 것이다. 돼지가 될 것인가, 개가 될 것인가? 선택의 여지가 별로 없지 않은가?

페미니스트들이 대거 몰려와 세상에 흐름을 바꾸어놓은 뒤에야 남자들은 사태를 파악하기 시작했다. 남자들은 여자들이 이루어놓은 진보에 압박과 고통을 느끼며 자신들만의 운동을 전개해 나갔다. 이때 서구 사회에서 가장 목소리를 높인 집단이 바로 자녀의 삶에서 밀려났다고 느끼던 이혼 또는 별거 중인 아버지들이었다. 남성운동에서 - 사실 '운동'은 존재하지 않고 그저 다양한 집단만 있지만 - 가장 쉽게 찾아볼 수 있는 부류가 바로 자신이 어디에 속해있는지 알고 싶어 하는 중산층 남성 그룹이다.

남성들은 페미니스트들처럼 불태워버릴 브래지어가 없었기에, 대신 아메리카 원주민들처럼 찜질 천막 속에서 함께 땀을 흘렸다. 수많은 시를 읊조리고 북을 치며 숲 속을 뛰어다녔다.

모든 운동이 그렇듯 남성운동에도 세상을 더 좋은 곳으로 바꾸고자 진심으로 노력하는 사람이 있는가 하면, 그저 아내 곁에서 도망쳐 다른 남자들과 노닥거리는 게 좋은 사람들도 있었다.

또는 여자들이 싫어 자신의 실패를 페미니스트 탓으로 돌리고
싶어 하는 사람도 있었다. 페미니스트 운동도 크게 다르지 않을
거라 본다. 사람들이 여럿 모여 있으면 거기에는 진심으로 선의
를 가진 사람, 목적이 없는 사람, 딴마음을 품은 사람, 그냥 이상
한 사람이 섞여 있는 법이다.

남성운동에 문제가 있다는 뜻은 아니다. 사실 페미니즘 덕분
에 남성들 역시 자신이 어떤 존재인지 진지하게 생각해보는 기
회를 갖게 되었다. 어쩔 수 없었지만 동시에 다행스럽기도 한
일이었다. 문제는 남성운동이 시작된 초기, 운동 동기의 상당
부분이 '우리도 희생자다.'라는 생각에서 기인했다는 점이다.

나 역시 1990년대 초 한 남성운동 단체에 얼마간 몸을 담았
던 적이 있었다. 당시 나는 학생이었고, 정치적으로도 내가 옳
다는 신념을 갖고 있었으며, 내가 참여한 운동이 남성들을 계몽
할 수 있는 절호의 기회라고 생각했다. 몇 주간 단체에서 활동
할 땐 만사가 술술 돌아가는 것만 같았다. 남자들끼리 모여 앉
아 짜증 나는 현실을 토로하며 이야기를 나누었다.

그러다가 얼마 뒤부터 뭐랄까, 슬슬 지루해지기 시작했다.
"여자들에게서 힘을 되찾아와야 한다."는 말도 점점 자주 듣게
됐다. 나는 어느새 이 단체에 지겨움을 느끼고 있었다. 아니, 페
미니스트들이 우리에게서 건전지라도 뺏어갔나? 내게 과연 여

자들이 빼앗아갈 만한 '힘'이라는 게 있기는 한 건가?

결국 몇 주 뒤부터 모임에 나가지 않았다. 어떤 철학적 자각 때문이었다고 말하고 싶지만, 실은 모임이 있던 날 저녁에 하는 TV 프로그램을 놓치고 싶지 않았을 뿐이다.

요즘 젊은이들은 남성성 논쟁 같은 데는 별 흥미가 없는 듯하다. 아마 관심사가 다른 분야로 옮겨갔기 때문일 것이다. 요즘 남자들은 여성 수상이나 여성 부통령 후보, 여성 CEO가 활약하는 세상에서 자랐다. 마거릿 대처, 힐러리 클린턴, 오프라 윈프리를 보고 자란 것이다. 남성만큼 많지는 않지만 여성 지도자들이 엄연히 존재한다. 성차별 역시 여전히 존재하고 있고 또 앞으로도 얼마간은 존재할 가능성이 높다. 하지만 요즘 아이들은 기존의 판도를 뒤집는 사람들을 지켜보며 자랐다. 세상의 고정관념을 뒤바꾼 여성들은 살아있는 훌륭한 교과서다.

여기 엄마들이 염두에 두어야 할 포인트가 있다. 남성성의 필수 개념을 이해하는 게 그렇게 중요한 문제는 아니라는 것이다. 아들이 착하고 바르기만 하면 됐지, 왜 그런 것에 신경을 써야 하는가?

에스키모족의 남성성이 맨해튼 남성들의 남성성과 다르다면 어떻게 할 것인가? 모하비족 남성은 런던의 남성과는 다른 가치관을 가질 수 있다. 뉴질랜드라는 작은 나라에서도 남부 뉴질랜드의 거칠고 황량한 해안가에 사는 남성과 북부 웰링턴에 사는 공무원 남성은 분명 다른 사고방식을 지니고 있을 것이다.

　정말 중요한 건 틀에 박힌 남성성의 개념을 흉내 내는 게 아니다. 좋은 남자가 되는 몇 가지 기본 원칙을 이해하는 게 훨씬 더 중요하다.

02 성격, 모든 것이 변화하고 모든 것이 변함없다

고집 센 아들의 공통된 습성

딸이나 아들이나 타고난 기질과 성격을 상당 기간 유지하는 경향이 있다. 수많은 부모들과 함께 아들에 관한 이야기를 나눈 끝에, 나는 아주 이른 나이부터 사람에겐 고유한 삶의 양식이 존재한다는 결론을 얻었다. 어떤 엄마가 자기 아들에 대한 이야기를 하고 있으면 나도 모르게 고개를 끄덕이며 "음, 이 아이는 이러이러한 유형의 아들이로군."하고 생각하게 된다.

예를 들면 이런 것이다.

캐서린은 다소 반항적인 11살 남자아이 토머스의 엄마다. 그녀는 아들 키우기에 한계가 왔다고 생각하며 나를 찾아왔다. 아들과의 모든 일을 한마디로 표현하자면 야단법석이었다. 캐서린이 나를 찾아오게 된 결정적 사건은 다음과 같았다.

"아들과 외출 준비를 하면서 토머스에게 준비 다했느냐고 물었죠."

"그랬더니 뭐라고 하던가요?"

"빨간색 양말을 찾아야 한다는 거예요."

"빨간 양말이요?"

"네. 아들이 정말 좋아하는 양말이거든요. 늘 그 양말만 신으려고 해요. 그런데 양말이 안 보인다는 거죠. 영화를 보러 가기로 했기 때문에 서둘러야 했거든요. 그런데 서두르지 않으면 영화 못 본다고 할수록 되레 녀석이 저한테 화를 내는 거예요. 본인이 영화 보러 가자고 해놓고 왜 저한테 화를 내는 거죠?"

"그래서 어떻게 되었습니까?"

"글쎄, 녀석이 저한테 시끄럽다며 입 다물라고 하는 거예요! 저는 녀석의 무례를 더는 참을 수가 없어 영화를 보지 않겠다고 했지요."

"길길이 날뛰었겠군요."

"물론이죠."

캐서린이 고개를 끄덕였다. 난 잠시 생각해보고 입을 열었다.

"아들이 꽤 똑똑하죠?"

캐서린이 고개를 끄덕였다.

"말도 일찍 배웠고 어휘력도 풍부하고 밖에 나가면 다들 실제 나이보다 많게 보죠?"

또 고개를 끄덕였다.

"고집도 무척 세죠?"

크게 고개를 끄덕였다.

"그리고 아주 예민하죠? 특히 비판에 말이죠."

고개 끄덕.

"아드님이 어머님을 몰아붙여서 참고 참다 화를 내면 아드님이 오히려 더 화를 내고 기분 나빠하지 않던가요?"

역시 고개 끄덕.

"무척이나 민감한 편이죠? 모든 걸 감정적으로 받아들이고 속이 상하면 화를 내고 잘 토라지고요?"

고개를 끄덕끄덕.

"빨간 양말을 좋아하는 이유는 좋아 보이기도 하지만 다른 양말에 비해 덜 까칠하고 부드러워서죠?"

"네."

캐서린은 마치 점쟁이가 "당신 삼촌 지미는 외다리지?"라고 족집게같이 집어낸 것처럼 깜짝 놀라며 대답했다. 나는 질문을 계속했다.

"학교에 갓 입학했을 땐 친구들과 약간 문제가 있었죠? 다들 축구를 하고 싶어 하는데 혼자 벌레찾기를 좋아한다거나?"

이제 캐서린은 이마를 찌푸렸다.

"우리 집을 염탐이라도 하셨나요?"

나는 웃음을 터뜨렸다.

"하하, 아닙니다. 그냥 지난 20년 동안 토머스 같은 아이들을 숱하게 만나본 결과죠."

토머스의 행동을 정확하게 맞힐 수 있었던 비결은 단순하다. 지난 시간 수도 없이 보아온 유형에 딱 맞아떨어지는 아이였기 때문이다.

토머스는 전형적인 '고집 센 아이'에 속한다. 고집이 센 남자 아이들은 기본적으로 다음과 같은 속성을 갖고 있다.

- 영리하다. '영재'까진 아니지만 평균 이상은 된다.
- 당연한 일에 화를 내는 경향이 있다. 특히 상처를 받으면 화를 낸다.
- 비난과 거절에 지나치게 민감하다. 모든 걸 감정적으로 받아들인다.
- 촉감에 민감해 부드럽고 매끄러운 천을 유난히 좋아한다.
- 기분이 좋을 땐 애교가 넘쳐흐르고 공감 능력이 뛰어나며 사려 또한 깊다.
- 또래에 비해 벌레나 공룡 같은 것에 이상하리만치 관심이 많다.

물론 그다지 과학적인 관찰 결과는 아니다. 여기서 중요한 것은 내가 아들의 유형을 정확하게 관찰해냈는가보다는, 이런 식으로 성격을 유형화할 수 있는가이다. 고집 센 아이는 늘 고집이 셀까, 아니면 살면서 변할 수 있을까? 만약 변할 수 있다면 아이가 성격을 바꿀 수 있도록 돕는 방법에는 무엇이 있을까? 이런 것이 진짜 중요한 문제다.

성격 요인의 '빅5'

아이가 생기기 전 아내와 함께 아프리카 여행을 간 적이 있다. 지금껏 가본 여행지 가운데 가장 경이로운 곳이었다. 우리는 코끼리 떼가 런던 히드로공항에 착륙하는 비행기들처럼 짐바브웨 황게Hwange 국립공원의 물웅덩이에 일렬로 몰려드는 광경을 목격했다. 근처 나무 위 어딘가에선 개코원숭이가 이들을 감시하고 있을 것 같은, 진정 이국적인 풍경이었다.

우리는 실제로 커다란 수컷 개코원숭이에게 공격을 당하기도 했고, 동물학자일 듯한 사람이 개코원숭이 무리를 이끌고 호텔 주차장을 지나가는 모습도 보았다. 아침 식사를 할 때 흑멧돼지들이 우리 테이블 주변을 어슬렁거렸다. 우리는 열정적인 자연주의자 여행 가이드와 함께 코뿔소를 찾아 초원을 헤치며 걷기도 했다.

호텔에는 강가로 이어진 오솔길이 있었다. 나는 여기서 코뿔소, 물소, 코끼리와 마주칠 기회가 많다는 사실을 여행 안내서에서 읽고 당장 탐험을 떠나고 싶어 온몸이 근질거렸다. 그러나 코뿔소나 물소, 코끼리에게 죽는 사람이 사자 때문에 죽는 사람보다 많다는 사실을 안내서에서 읽은 아내는 그런 탐험은 어리석은 짓이라고 주장했고, 결국 나는 아내의 뜻을 따랐다. 만약 원래의 계획대로 했다면 나는 코끼리에게 짓밟히고 코뿔소 뿔에 들이받히고 여기저기 두들겨 맞아 만신창이가 되었을지도 모를 일이다.

여행 안내서에는 죽을 수 있는 온갖 위험에 대한 경고뿐만 아니라, 공원 내에서 가장 인기 있는 동물 빅5 big five — 사자, 코끼리, 물소, 표범, 코뿔소 — 에 대한 소개글도 있었다. 그런데 마침 심리학 분야에도 '빅5'라는 개념이 있다. 심리학자들이 말하는 빅5는 물론 동물은 아니다. '성격적 특성' 또는 '결정적 요인'이라 불리는 것이다.

심리학자들은 인간의 성격이 다섯 가지 결정적 요인의 다양한 조합으로 구성되었다고 생각한다. 그런데 왜 이 대목에서 이런 걸 신경 쓰고 있어야 하는 걸까? 그럴싸한 이유가 있다. 특히 멋진 아들을 키우는 과정에서 꼭 필요하다. 우선 빅5가 무엇인지 간략하게 알아보기로 하자.

☆ 외향성·긍정적인 정서

자신의 주변 세계에 적극적·긍정적으로 참여하는 경향을 말한다. 외향적인 사람은 대담하고 적극적이며 활력이 넘치는 모습을 보여준다. 방귀를 뀔 때 대놓고 뀌는 사람을 생각하면 좋다. 외향성과 반대되는 성격은 내성적이고 조용한 성격이다. 나약하고 무언가에 억눌려 있고 활발하지 못하며 둔감한 성격에 해당한다. 몰래 방귀 뀌는 사람이 이런 유형에 해당한다.

☆ 신경증·부정적인 정서

부정적인 감정, 스트레스, 불안감, 상처, 죄책감 등을 쉽게 느끼는 경향을 말한다. 어떤 문제에 부딪히면 극도로 흥분하거나 긴장하는 성격이다.

☆ 성실성·자제력

성실성과 자제력은 자신의 생각과 행동을 통제하는 능력을 일컫는다. 이런 특성이 강한 사람은 책임감이 강하고 세심하며 참을성이 있고 일반적으로 난감한 일도 무난히 처리해낸다. 반면 이런 특성이 약한 사람은 무책임하고 조심성이 없으며 산만하다.

☆ 우호성

이런 성향이 강하면 주위 사람들에게 다정한 사람이 되고 약하면 주변 사람들에게 불편을 주기 쉬운 성격이 된다. 이 특성이 강한 사람은 협조적이며 사려가 깊고 공감 능력 또한 뛰어나다. 이 특성이 약하면 공격적이고 무례하며 심술 맞고 음흉할 수 있다.

☆ 경험에 대한 개방성·지능

가장 논란이 많은 성격 특성이다. 이 특성은 기본적으로 상상력이 얼마나 풍부한가, 얼마나 창의적이며 얼마나 빨리 배우는가, 얼마나 통찰력이 있는가를 설명하는 속성이라고 볼 수 있다.

전 세계 연구자들은 이 다섯 가지 결정적 요인 또는 변인을 통해 남성과 여성, 아들과 딸이 어떻게 비슷하고 어떻게 다른지를 연구했다. 그 결과 성별 사이에 성격적인 차이가 다소 존재하고, 이는 여러 문화권에서 두루 나타난다는 사실이 드러났다. 밝혀진 사실은 남성은 적극적이고 위험을 감수하는 편이지만 여성은 염려와 걱정이 많다는 것이다. 그래서 아빠들은 아이가 나무 위에서 뛰어내리는 것도 허락해주지만 엄마들은 다리가 부러질까 걱정부터 하는 경향이 있다는 것이다. 흥미로운 점은 이러한 성별 간의 성격 차이가 어린 시절부터 성인기까지 지속적으로 유지된다는 것이다.

더욱 흥미로운 사실은 남성과 여성 간의 이러한 성격적 차이가 개발도상국에서 선진국으로 갈수록 오히려 늘어난다는 점이다. 최소한 성격적 특성만 보자면 양성 간에 교육 및 경제적 성공의 기회가 평등하게 주어지는 국가일수록 오히려 남성과 여성이 더욱 달라 보인다는 것이다.

이러한 연구 결과와 함께 염두에 두어야 할 점은 다양성이다. 모든 남성은 무모하고 모든 여성은 걱정이 많다고 말한다면, 이는 사실이 아니다. 일부 여성은 남성보다 훨씬 무모하기도 하고, 일부 남성은 걱정을 달고 살기도 한다. 다만 대략적인 경향이 존재하기에 평균 수준의 무모한 성격을 가진 아들은 엄마가 '별것도 아닌 일에 공연히 소란을 떠는' 사람이라고 생각하는 것이다. 그러니 이러한 자료를 개개인에게 적용할 때는 언제나 조심하고 신중해야 한다.

다시 아프리카 여행 얘기로 돌아가보자. '나 홀로 모험'을 만류했던 아내를 두고 그녀가 여자라서, 아니면 '신경증·부정적인 정서'가 높아서 괜히 걱정하는 거라고 몰아붙였다면? 그래서 결국 내 뜻대로 모험에 나섰다면? 날카로운 이빨과 발톱으로 무장한 또 다른 빅5에게 짓밟히고 물어뜯기고 뿔에 받혀 난 죽었을지도 모른다. 아내의 신중함은 신경증 탓이 아니라 아내가 분별력이 높아서일 수도 있다.

그러나 성격에 관한 여러 사실 가운데 가장 흥미로운 건 세 살 아이의 모습을 통해 그 아이가 어른이 되었을 때의 모습을 예측할 수 있다는 점이다. 특히 아들을 키우는 부모에게 이러한 예측 가능성은 꽤 유용한 의미를 갖는다.

성격은 평생 변화한다

성격 발달과 변화 면에서 남녀를 구분할 만한 차이는 존재하지 않는다. 남성과 여성의 성격은 평생 같은 수준으로 발달한다. 남녀를 떠나 성격 특성은 비교적 지속적인 편으로 큰 변화가 없고, 이는 아동기와 청소년기를 거치더라도 마찬가지다.

우리는 보통 아동기와 사춘기에 성격상 큰 변화가 일어난다고 생각한다. 그러나 성격이 가장 크게 변하는 시기는 청년기다. 비로소 자신의 본모습대로 살 수 있는 자유를 획득하는 시기라는 점이 반영된 것 같다. 청소년기까지만 해도 부모 밑에서 부모의 뜻에 맞춰 살지만 청년기가 되면 스스로 삶을 설계하게 된다. 스스로가 진정 어떤 사람인지 발견하게 되는 것이다.

성격은 성인기 내내 조금씩 변화와 발달을 거듭하다가 50세 이후 어느 시점에서 최고조에 이르는 것으로 보인다. 이 사실은 아들과 씨름하느라 고달픈 엄마에게 반가운 소식이 아닐 수 없다. 언젠가 아들의 성격도 변한다는 희망이 있기 때문이다. 당신의 아들은 평생 변화하고 발달할 것이다. 살아있는 한 어딘가에는 희망이 존재한다고 과학도 말하고 있는 것이다. 인생 내내 변화가 가능하다니, 이 얼마나 다행스러운 일인가.

아들에게 성격 운전법을 가르쳐라

뉴질랜드 오타고대학교 연구팀은 35년 동안 9백 명이 넘는 사람들을 그들이 태어날 때부터 추적해왔다. 이는 역사상 가장 오래된 연구일 뿐 아니라, 장기 연구가 성공한 몇 안 되는 사례에 해당한다. 어마어마한 연구 내용에서 연구팀은 만 3세 아동에게 다섯 가지 개별적 행동 표현 양식이 존재한다는 것을 발견했다. 이 양식을 통해 23년 뒤 벌어질 삶의 다양한 면모를 예측할 수 있다는 사실 또한 알아냈다. 여기서 아들이 인생을 사는 동안 필요한 특정 기술을 습득하는 데 우리가 어떤 도움을 줄 수 있는지 추론할 수 있다.

물론 다른 문제들과 마찬가지로 이러저러한 성격 특성도 확연하게 분류되는 건 아니다. 다만 '대략적으로' 이러한 성격적 특성을 보이는 아이들이 나중에 특정 결과를 향해 나아가는 '경향'이 있음을 의미할 뿐이다. 즉 어디서 시작하면 좋을지 알려주는 매우 일반적인 가이드라인에 지나지 않는다. 그러니 확대 해석하는 건 절대 금물이다. 바다에 나가기 전 일기예보를 확인하는 것과 비슷하다. 오늘의 날씨를 알면 어떤 준비가 필요한지 대강 예측할 수 있지 않은가.

☆ 자기 통제가 부족한 성격

자기 통제가 부족한 성격의 아들은 짜증을 잘 내고 충동적이며 대체로 불만이 많다. 임무를 완수해야 할 때도 인내심이 부족한 경향을 보인다. 열심히 노력해야 할 때도 계속 불평을 늘어놓고 새로운 시도를 해야 할 때도 눈앞의 어려움을 토로하며 쉽게 포기해 버린다. '투덜이 스머프'와 비슷하다. 내 아들이 투덜이 스머프가 되지 않도록 돕기 위해 엄마가 할 수 있는 일은 다음과 같다.

- ❖ 일이 잘못될 때마다 사소한 일 하나하나에 화를 내지 않고 마음을 다스리는 법을 가르쳐준다. 세상은 결코 완벽하지 않고 짜증이 불가피한 곳이므로 일단 그 사실을 받아들이고 싸움을 멈추면 마음이 훨씬 편안해질 수 있음을 일깨워주자.
- ❖ 친구와의 관계를 발전시키는 방법을 가르쳐준다. 자신의 행동이 상대

방에게 어떤 영향을 끼칠지 생각해보게 하자.

❖ 부정적인 눈으로 세상을 바라보는 경향이 있다면 타인이 자신에게 보이는 반응을 융통성 있게 해석하도록 가르쳐준다. 사람들이 자신을 미워한다고만 여기지 말고, 정말 어떻게 생각하고 있을지 추측해볼 수 있게끔 질문만 던져도 도움이 된다.

❖ 자제심을 발휘할 땐 보상을 주어 충동을 관리할 수 있게 도와준다. 접시에 과자를 올려놓은 채 한 시간 동안 건드리지 않고 가만히 놔두면 두 개 먹을 수 있게 하자. 장난감 가게로 데리고 가 아무것도 손대지 않고 복도 사이를 걸어 다니면 엄마와 함께 신 나는 일을 할 수 있다고 말해주자.

❖ 마음을 편안히 먹고 매사를 개인적인 감정으로 받아들이지 않게, 문제가 생기면 유연하게 사고할 수 있게 가르쳐준다.

☆ 억제된 성격

억제된 성격의 소년들은 수줍고 겁이 많으며 사회성도 부족한 편이다. 이들은 주도하기보단 따르는 것을 좋아하고 참여하기보단 관망하는 것을 선호한다. 억제된 성격의 아들을 돕는 방법은 다음과 같다.

❖ 큰 소리로 말하는 연습을 시켜보자. 처음에는 자신의 존재를 세상에 알리는 것만으로도 도움이 된다.

❖ 어린아이에게는 음악 활동이 큰 도움이 될 수 있다. 수줍음이 심한 아들은 피아노와 드럼을 연주할 때 빛이 날 수 있다. 음악이 아이의 목소리가 되어줄 것이다.

❖ 위험한 일도 해보도록 격려해주자. 새로운 일을 시험해보고 모험에 나설 수 있게 해주자.

❖ 원하는 것을 큰 소리로 말하는 방법을 가르쳐주고, 제 뜻대로만 밀어붙이는 극성스러운 사람에게 맞서는 법도 알려주자. 순종하는 성격을 타고났으니 이에 반대되는 속성도 배울 필요가 있다.

❖ 〈간디〉 같은 영화를 함께 보자. 언제나 목소리 큰 사람만 세상을 바꾼 건 아니라는 교훈을 얻을 수 있다. 때로는 나직한 목소리도 온 세상에 울려 퍼질 수 있는 것이다.

❖ 이 유형의 아이는 홀로 서서 원하는 바를 요구하는 일 자체를 힘들어한다. 자신에게 중요한 일이라면 적극 주장하는 법도 배워야 한다. 위험을 무릅쓰는 게 어렵기는 하겠지만, 그 결과 자신의 세상이 점점 커질 수 있음을 알게 될 것이다.

☆ 자신만만한 성격

질투심이 많고 외향적인 성격에 해당한다. 원기가 넘쳐흐르는 이 유형의 아이들은 시끄럽고 경솔하다. 애써 존재감을 드러내려할 필요도 없다. 부산한 행동과 왁자지껄한 소리만으로도 존재감을 알리기에 충분하다. 이런 아들은 장점도 많지만 섣부른 판단으로 낭패를 볼 가능성도 적지 않다. 이들의 실수를 줄이기 위해 몇 가지 도움이 필요하다.

- ❖ 약간의 충동 조절이 도움이 된다. 이런 아들은 뭐든 하고 싶은 대로 하는 성향이 있어서 변덕이 심하다. 이런 아이에게 필요한 것은 분석력이다. 행동에 나서기 전에 잠깐 멈추고 생각하는 법을 가르쳐주자.
- ❖ 아들은 자신이 세상의 중심이 아니라는 겸손한 태도를 익혀야 한다. 자신이 태양의 둘레를 도는 것이지, 태양이 자기 주위로 도는 게 아니라는 기본 상식을 이해해야 한다.
- ❖ 관습에 얽매이지 않는 자유로운 태도가 장점이 될 수도 있다. 하지만 관습이 왜 만들어졌는지 생각해보자. 행동이 관습으로 굳어진 이유는 많은 사람이 그 효과를 인정했기 때문이다. 이 성격의 소유자는 집단을 따르는 게 때로는 현명하다는 사실을 알아야 한다.

☆ 내성적인 성격

새로운 일을 요구받았을 때 걱정부터 하는 경향이 있다. 두려움 때문에 얼어붙는 정도는 아니지만 심하게 머뭇거린다. 매사에 조심스럽고 걱정 때문에 살짝 물러서는 경향도 있다. 아들이 이런 성격이라면 다음과 같이 도와줄 수 있다.

- ❖ 실수는 중요하며 실수를 통해서도 교훈을 배울 수 있음을 가르쳐주자.

- 주변에서 실패와 관련된 사례를 찾아보고 실패는 두려움의 대상이 아니라 삶의 선물이기도 하다는 사실을 가르쳐주자.
- 세상의 종말을 불러오는 실수는 거의 없고 대부분의 실수는 회복 가능함을 알려주자.
- 삶을 지나치게 진지하게 받아들이지 않도록 도와주자.

☆ 적응력이 뛰어난 성격

적응력이 뛰어난 아들은 어떤 일이든 짜증을 내기보다는 자기 나이에 맞는 방식으로 해결한다. 아무리 나쁜 일이 생겨도 해결하고 넘어가는 성격이다. 감정이나 행동이 원만하다. 완벽하지는 않아도 순항한다. 이런 아들을 가진 엄마에겐 다음과 같은 조언을 주려고 한다.

- 이런 행운을 주신 신께 감사하라. 촛불을 밝히고 노래를 불러라. 질투의 여신을 건드릴 일은 하지 마라.
- 아들의 적응력과 원만한 성품은 모두 부모를 잘 만난 덕분이라고 주장하라. 그러한 성품은 양육 방식보다는 유전자 덕분일 가능성이 높다.
- 까다로운 아들을 키우는 일이 어떤 건지 잘 모를 테지만, 다른 부모에게 양육에 대한 조언을 해줘라.
- 즐겨라. 실컷 즐겨라. 어떤 아들을 키우든 다 재미있지만 이런 아들을 키우는 일은 손도 안 가면서 재미있기까지 하다.

엄마가 성격에 대해 알면 아들에게도 성격 운전법을 알려줄 수 있다. 성격은 비교적 평생 변하지 않을 뿐 아니라 발달과 성장을 거듭한다. 성격을 자동차에 비유한다면 저마다 특정 모델의 차를 갖고 태어나는 것이다. 우리는 차를 바꾸거나 새 차를 사줄 순 없지만, 적어도 솜씨 좋게 운전하는 법을 가르쳐줄 순 있다.

03 남자를 완성하는 것은 남성성이 아닌 가치관

아들을 둔 엄마에게 남성성 논쟁은 무의미하다

'아들은 이런 모습이어야 마땅하다.'라는 주장은 자칫 위험한 오류에 빠질 수 있다. 온갖 과학적 자료와 열띤 의견과 철학적 사고와 여기서 파생된 학문적 공방의 바다에서 표류하게 될지도 모른다. 미국 위스콘신대학교의 과학자 하이드 교수는 적어도 기본적인 능력과 속성 면에서 남녀 사이엔 차이점보다 공통점이 훨씬 많다는 사실을 밝혀냈다. 즉 성별 차이가 없지는 않지만 남녀 간에는 공통의 능력과 속성이 더 많다는 것이다.

물론 남녀 사이에 꽤 일관된 차이를 보이는 성격 특성도 있고 이런 패턴이 수많은 나라에서 반복적으로 관찰되고 있기도 하다. 남성은 적극적이고 무모한 반면 여성은 신중하고 마음이 약하다는 식의 패턴이 대표적이다. 나는 아프리카에서 나만의 사파리 탐험을 나서려다가 저지된 경험을 통해 때로는 조심성과 신중함이 옳음을 깨달았다.

남성성의 본질에 대한 논쟁에는 정치적 의도가 숨어있는 경우가 종종 있다. 그간 남성성이라는 주제를 놓고 다양한 정치적 입장에 있는 사람들이 수많은 글을 써왔다. 그러나 이에 대한 명확한 답은 아직 나오지 않았고, 그건 앞으로도 그럴 것이다. 남성성 논쟁은 점점 격해지지만 실용적 쓰임새는 거의 없다.

남성성의 정체를 알아야만 아들을 훌륭하게 키울 수 있는 자격을 갖추는 건 아니다. 남성성을 몰라도 우리는 아들을 훌륭하게 키울 수 있다. 그런 의문은 자칫 아들 교육에 혼선만 초래할 수 있다. 남성성이 명확하게 밝혀지고, 또 그것이 아들을 잘 키우는 데 꽤나 도움이 된다는 명백한 증거가 나오기 전까진 괜한 고민을 사서 할 필요는 없다.

무엇보다 우리가 이 책에서 살펴보고 있는 통계치들은 모두 평균값을 말하는 것이다. 평균값을 살펴볼 땐 동일 집단 안의 개인차는 훨씬 크고 다양할 수 있다는 사실을 잊지 말아야 한다. 예를 들어 978명의 남성을 대상으로 위장 내 가스 분출로 인한 트림 소리의 가청도를 측정했다고 하자. 그리고 평균치가

10점 만점에 8.37점이 나왔다고 하자. 나는 원래 은근슬쩍 트림을 하는 편이라 가청도가 3.44점밖에 나오지 않는다. 이럴 경우 내게 중요한 숫자는 모든 남성의 트림 소리 가청도 평균치가 아니라 오직 내 점수뿐이다. 내가 비밀스러운 인간이라서 가청도가 3.44점밖에 나오지 않는다면 다른 남자들이 기록한 8.37점은 내겐 아무 의미가 없다.

아들을 키우는 엄마는 남성성 논쟁을 어떻게 받아들여야 할까? 세계 유수의 대학과 연구소, 정부 기금을 받는 여러 위원회의 전문가들, 구두 매장과 카페에 모여 앉은 사람들이 남성성 문제에 대해 각양각색의 의견을 내놓고 있다. 그럼 내 아들을 훌륭한 남성으로 키우기 위해선 대체 누구의 말에 귀를 기울여야 한단 말인가? 나는 정답이 없는 게 정답이라고 생각한다. 이에 대해 좀 더 설명해보겠다.

풋풋하고 젊은 신참 심리학자였을 때 나는 늘 어떤 게 옳은 건지 알 수가 없어 불안하고 초조했다. 가족들과 마주 앉아 이야기를 할 때면 내 생각이 정답인지 확인할 길이 없어 혼란에 빠지곤 했다. 그러면서 점차 삶과 인간에 대한 기본을 이해해가기 시작했다. 살아간다는 일은 믿을 수 없이 복잡하며 그 길을 헤쳐 나가는 방법에 정답이란 존재하지 않는다. 우리의 행동에 따라 다른 결과가 나올 뿐이다.

그냥 살던 대로 살라는 말은 아니다. 내가 여러 가족을 상대로 수십만 번 이상 상담과 관찰과 조언을 해본 결과 얻은 교훈은 내가 하는 일이 '올바른' 결정인지 걱정하는 걸 그만두어야 한다는 사실이었다. 절대로 미리 알 수 없고 또 동시에 여러 결정을 내리고 실행할 수 없기 때문이다. 시계를 거꾸로 돌려 처음부터 다시 시작할 순 없지 않은가.

우리가 할 수 있는 일은 가능한 한 도움이 될 만한 정보를 많이 찾고 주위 사람들과 충분한 대화를 거친 뒤 각각의 선택이 가져올 대가와 이점을 신중하게 저울질해 매 순간 최선의 결정을 내려가는 것뿐이다. 그러면 어떤 결과가 나오는지 자연히 알게 되고, 그 결과에 맞춰 또다시 대처해 나가면 된다.

마법 같은 정답은 없다. 순서대로 색칠만 하면 완성되는 그림처럼 간편한 해결책도 없다. 그저 원칙에 따르는 방법밖엔 없는 것이다. 이제 아들을 훌륭한 남자로 키우기 위해 도움이 될 만한 기본 원칙에 대해 이야기하자.

☆ 세 명의 소년
– 만 15세, 제임스

제임스는 축구광이다. 우리에게 공기가 필요하듯 녀석에게는 축구가 필요하다. 축구화는 몸의 일부분 같고 운동장을 향해 달려가는 녀석은 누구보다 생기가 넘쳐흐른다. 경기에 몰두할 때 녀석의 집중력은 최고조에 달한다. 아무리 예쁜 여학생이 지나가도 눈길 한 번 주지 않는다. 그 어떤 것도 녀석의 주의를 끌지 못할 것이다.

제임스가 집중하는 건 오직 하나, 승리뿐이다. 한마디로 녀석은 완벽한 스포츠맨이다. 패배를 무겁게 받아들이지만 나쁘게 생각하진 않는다. 경기가 끝나면 먼저 상대방 선수에게 악수를 청하고 아쉬워하기는 해도 씁쓸해하거나 빈정대지 않는다.

제임스는 친구를 쉽게 사귀고 아이들 사이에서도 인기가 많다. 어려움에 처한 친구가 있다면 어디든 달려갈 준비가 돼 있다. 부모님이 데리러 오길 기다리는 친구가 있으면 함께 기다려주기도 한다. 친구끼리 그 정도는 해줄 수 있다고 생각한다.

제임스는 여학생들 사이에서도 인기 만점이다. 그의 뛰어난 감각을 흉내 내는 아이들도 적지 않다. 약간은 저돌적인 면도 있고 명랑하고 쾌활한 면도 있다. 과거 여자 친구가 몇 명 있었고 현재도 6개월째 사귀고 있는 여자 친구가 있다. 만 15세의 나이에 6개월이면 엄청나게 긴 시간이 아닌가? 그러나 여자 친구를 참 좋아하면서도, 여자 친구에게 매이진 않을 만큼 똑똑하게 처신하기도 한다.

제임스는 여덟 살 때 아버지를 여의었고 하루도 아버지를 그리워하지 않은 날이 없었다. 어렸을 때는 아버지가 그리워 울기도 참 많이 울었지만 지금은 아니다. 예전의 아픔이 되살아나면 뒷마당으로 가 혼자서 공을 차며 한 시간 정도 보낸다. 그걸로 충분하다.

아직은 진로에 대해 생각해보지 않았지만 어떤 일을 하든 자신을 위한 선택이 되리라는 것을 알 정도로 학교생활을 잘해가고 있다. 장래 희망은 영국에서 축구 선수로 뛰는 거지만, 아직 누구에게도 말한 적은 없다. 뭐가 되고 싶으냐고 물어보면 그저 어깨를 으쓱하며 잘 모르겠다고만 대답한다.

요즘 들어 말로 표현한 적은 거의 없지만 제임스는 엄마를 무척 사랑한다. 엄마와 다툴 때도 있지만 그건 침실 바닥에 더러운 옷을 아무렇게 벗어두거나, 식사 뒤에 사용한 그릇을 싱크대에 가져다놓지 않는 등 사소한 일에 엄마가 지나치게 반응하는 탓이라고 생각한다. 그러나 아무리 다투고 갈등을 겪어도 엄마가 자신의 곁을 늘 지켜줄 것이라는 사실을 한 번도 잊어본 적이 없다. 엄마가 자신의 삶의 기본 토대임을 결코 잊지 않고 있다.

- 만 10세, 스티븐
스티븐은 걸음마를 시작한 날부터 줄곧 자기만의 길을 걷고 있다. 태어난 날부터 그는 늘 분주했으며, 엄마를 아슬아슬한 발화점 근처까지 밀어붙였고, 가끔은 한도를 넘기도 했다. 나쁜 아이는 아니지만 믿기 힘들 만큼 고집이 세다. 쉬운 길과 어려운 길 사이에서 선택의 기로에 서면 스티븐은 매번 어려운 길로 가곤 한다. 이런 스티븐의 성향은 늘 힘겨운 상황을 만들었고 눈물 흘리지 않고 넘어가는 경우가 별로 없었다.

이렇게 고집이 세고 반항적인 스티븐은 한편으론 의젓한 아이이기도 하다. 다른 친구들이 미처 보지 못한 것을 알아채고 그런 일을 섬세하고 흥미롭게 설명하는 법도 잘 안다. 늘 자기 생각을 분명히 한 덕분에 그는 유치원 시절부터 줄곧 선생님들의 이목을 끌었다.

집에서는 시끄럽고 완고한 스티븐이지만 밖에만 나가면 무척 조용해진다. 스티븐이 극복해야 할 장벽은 바로 이런 수줍음이다. 그는 다른 아이들에 비해 세상을 더 긴장한 채 받아들인다. 스티븐에게 세상은 혹독함 자체다. 스티븐은 예민한 성격을 평생 지고 살아야 한다. 아름다움, 음악의 힘, 부드러운 촉감이 주는 기쁨, 혹독함, 거부감, 공격성에 대해 그는 무척 예민하다. 이 모든 것을 스티븐은 유독 크게 보고 크게 느낀다.

스티븐은 마법의 공간을 만들어내는 재주가 있다. 종이, 모래, 블록과 상자로 창조해내는 세상은 아이의 내면에 깃든 다양하고 풍부한 풍경을 반영한다. 엄마는 스티븐이 만든 기적을 보고 그의 마음속 어딘가에 광대한 들판과 울창한 밀림과 성벽을 두른 도시와 온갖 환상적인 것들이 담겨 있음을 느낀다. 그러나 스티븐은 이 모든 것을 오직 마음속에만 가둬둔다. 자신만이 왕래할 수 있는 은밀한 사유지로 간직하고 싶은 것이다. 가끔 운 좋은 사람은 스티븐의 엽서를 받기도 하지만 그 이상은 허락되지 않는다.

스티븐은 인기 있는 학생 축에 끼진 않지만 인기에 연연하는 스타일도 아니다. 그래도 자신이 인기남이 아니라는 사실은 아는 것 같다. 운동경기도 썩 좋아하지 않고 친구들과 오래 뛰어논 적도 없는 그는 무리를 지어 어울리는 유형이 아니다. 오래전부터 알고 지낸 몇몇 친구들과만 어울리는 스타일이다.

스티븐은 미래에 대한 전망도 뚜렷한 아이다. 언젠가는 공룡의 뼈를 발굴하고 화석이 가득한 연구실에서 일하는 고생물학자가 되는 게 꿈이다. 쉬운 꿈은 결코 아니지만, 뭐 문제될 것은 없다.

스티븐은 부모님을 몹시 사랑한다. 그 사랑에는 상처와 고집과 불퉁거림과 너그러움이 한데 섞여 있다. 이런 모습 뒤에는 꼭 끌어안아 주어야 할 몹시 사랑스러운 소년이 있다. 이 예민하고도 직관적인 소년은 세상이 원래 깨지기 쉽다는 걸 잘 알기에, 부모님의 사랑도 말로만이 아니라 직접 느껴야 한다. 부모에게 그는 까다로운 아들이면서 동시에 경이로운 대상이다.

- 만 7세, 잭

잭은 좀체 가만히 있지 못하고 항상 풀쩍풀쩍 뛰어다니는 아이다. 잭이 한 번 웃으면 온 세상이 다 알 정도로 떠들썩해진다. 이 때문에 가끔 선생님들에게 혼나기도 하지만, 잭도 자신을 어쩔 수 없다. 웃음이 시작되면 자유로이 돌아다녀야 한다. 잭에게는 웃음을 가둬둘 만한 공간이 없기 때문이다.

'거친 소년', 이게 우리가 아는 잭의 모습이다. 때로 잭은 자신과 함께 교실 바닥을 뒹구는 걸 싫어하는 섬세한 친구도 있을 수 있다는 사실을 잘 모른다. 순간 달아올랐던 열기가 가라앉아 상대방이 싫어한다는 걸 깨달았을 땐 이미 사태를 수습할 수 없게 된 뒤다. 그때조차도 잭은 마냥 즐겁기만 해서 상황을 제대로 파악하지 못하곤 한다.

학급에선 아주 영리한 축은 아니지만 대체로 평균 정도에는 해당하며, 어떤 과목은 평균을 살짝 밑돈다. 국어를 힘들어하고 수학은 수수께끼 같기만 하다. 그룹을 지어 뭐든 만들고 짓는 걸 좋아한다.

학교에서는 약간 말썽쟁이에 속한다. 본성 자체가 학교 제도와 잘 맞지 않기 때문에, 시끄럽게 떠들거나 심하게 뛰어다녔다는 등의 이유로 가끔씩 복도에서 벌을 서기도 한다. 그래도 잭은 크게 개의치 않고 웃으며 넘어간다.

친구가 많지만 정말 친한 친구는 한두 명뿐이다. 또한 어느 한 가지에 몰두하기보단 여기저기 돌아다니는 걸 좋아한다. 가장 좋아하는 장소는 망치와 못과 낡은 판자가 있는 뒷마당이다. 망치는 누군가 버리고 간 지 오래라 상당히 녹이 슬었지만, 그만큼 아끼는 물건이다.

쉽게 산만해지기 때문에 잃어버리는 것도 많다. 그래서 오래 고생하고 있는 엄마를 화나게 만들기도 한다. 아빠는 잭이 네 살 때 집을 떠났고 엄마 혼자 잭을 키우고 있다.

엄마는 아빠의 부재가 잭에게 미칠 영향을 걱정하며 주변에 좋은 남자가 없는 걸 안타까워한다. 나름대로 노력은 하고 있지만 쉽게 찾아지지가 않는다. 그래도 엄마는 잭에게 망치를 쥐어주고 뒷마당이 공사장처럼 어수선해지는 것도 크게 불평하지 않을 만큼 현명한 사람이다.

잭의 성향 중 눈에 띄는 점은 공정함이다. 특히 승부에서의 공정함을 중시한다. 누구라도 따돌림당하는 꼴을 못 보고 다른 아이가 곤란한 일을 겪고 있으면 직접 나서서 도와준다. 선생님들이 잭의 소란스러움을 참아주는 이유도 마찬가지다. 늘 시끄럽고 말썽을 피우는 것 같아도 누가 어려운 일을 당하면 가장 먼저 달려가 선생님에게 도움을 요청하는 역할을 바로 잭이 맡고 있다.

남성성의 다양한 얼굴

세 소년은 성향이 모두 다르다. 관심사와 열정이 다르고 세상에 다가서는 방법도 다르다. 모범생이 있는가 하면 까다로운 아이도 있고 학업성적이나 재능 또한 제각각이다. 제임스는 인기 있는 남학생이고, 스티븐은 여러 면에서 고독한 남자이며, 잭은, 음……, 잭은 그냥 잭이다.

세 소년을 보면 한 가지 뚜렷한 사실을 알 수 있다. 셋 다 좋은 남자로 자랄 가능성이 크다는 것이다. 제임스는 학창 시절의 인기를 이어 자라서도 성격 좋고 아름다운 여성을 만나 결혼을 하고 전문가의 삶을 살아갈 것 같다. 스티븐은 복잡하기는 해도 기본적으로 착한 여자와 결혼하고, 어쩌면 대학교수가 될지도 모른다. 잭은 건축가가 되거나 백만장자가 되거나 또는 둘 다 될지도 모른다. 그리고 어질고 현명한 여성과 결혼해 아빠를 닮은 씩씩한 아이들을 낳아 스포츠 팀을 꾸릴지도 모르겠다. 어떤 경우든 셋 다 좋은 남자로 자랄 가능성이 많다.

어떻게 제임스나 스티븐이나 잭과 같은 아이가 되는진 알 수 없다. 상당 부분 유전자 때문일 것이고 많은 부분 환경의 영향도 있을 것이다. 다들 소년의 전형적인 기본 요소를 고루 갖추고 있지만 각자가 고유하고 독특하다. 그럼에도 셋 다 기본적으로 공유하는 가치관이 있다. 그 가치관을 어떻게 행동으로 표현하는가는 상당히 다르지만 그들의 행동을 지배하는 몇 가지 공통 원칙은 존재한다.

'좋은 남자'의 모델은 주변에 널려 있을 만큼 흔하고 다양하다. 간디는 분명 좋은 남자였고, 오스카 쉰들러, 폴 뉴먼, 마틴 루터 킹도 좋은 남자였다. 다들 복잡하고 결점도 많았지만 살면서 한 가지씩은 훌륭한 일을 해낸 사람들이다.

2006년부터 방영된 〈인간과 자연의 대결 Man vs Wild〉이라는 미국 다큐멘터리가 있다. 세계 곳곳의 위험 지역을 돌며 생존 기법을 알려주는 주인공의 활약상을 담은 리얼 드라마다. 주인공으로 유명해진 베어 그릴스 Bear Grylls 는 '좋은 남자'의 표본이다. 특공대 출신으로 험한 산을 올라가고 벌레를 잡아먹는 등 모험을 즐기는 그는 억세기는 하지만 마초라고 볼 수는 없다. 사하라 사막이나 인도네시아 수마트라 섬의 정글 풍경을 볼 때면 예민한 감수성을 내비치기도 한다.

사실 베어 그릴스는 영국 공수특전단 SAS 출신이다. 공수특전단은 사람을 여섯 가지 방법으로 죽일 수도 있는 무시무시한 특수부대로 알려져 있다. 군복무 시절 실제로 사람을 죽여본 적이 있는지 모르지만, 그는 어린 세 아들에게 분명히 훌륭한 아버지일 것이다. 내 아들들은 그가 벌레를 잡아먹고, 왕도마뱀을 잡아 껍질을 벗기고, 모래 늪으로 뛰어드는 모습을 보면 좋아서 어쩔 줄 모른다. 정말로 멋진 남자가 보여줄 수 있는 환상적인 모습이 아닐 수 없다.

남성성의 얼굴은 다양하고 헤아릴 수조차 없이 많다. 그러므로 아들을 좋은 남자로 키우기 위해 엄마들이 굳이 '남성적'이거나 '남자다운' 일을 찾아 가르쳐줄 필요는 없다. 약간의 길잡이 역할을 해주고 자유롭게 내달릴 여유만 쥐어준다면 아들 스스로 제 갈 길을 찾아낼 것이다. 사실 길잡이와 자유야말로 어린 소년이 '남자다움'을 발견할 수 있는 가장 좋은 방법이다. 일단 밖에 나가서 도전하게 하는 것이다. 여기서 엄마가 맡아야 할 역할은 아들에게 올바른 가치관을 심어주는 데 집중하는 것이다.

내가 말하는 가치관이란 전통적인 가족관을 의미하지 않는다. 내가 전통적인 가족관을 받아들이지 않으면 지옥에 갈 거라고 써붙인 팻말을 들고 거리 행진을 하는 일은 결코 없을 것이다. 실제로 내가 목격한 것 중 가장 우스웠던 장면은 '전통적 가족관을 지키자.'며 도로를 행진하던 어느 시위 참가자에게 기자

한 사람이 선호하는 '가족 가치관'이 무엇이냐고 물었을 때다. 이 남자는 약간 당혹스러운 얼굴로 걸음을 멈추었다.

"어떤 주장을 하기 위해 거리에 나오셨나요?"

"가족 가치관을 정립하기 위해 행진 중입니다."

"좀 더 자세히 설명해주세요."

"우리는 정치인들이 방향을 잃었다고 생각합니다. 곳곳에서 가족 가치관이 침몰하고 있습니다. 이 때문에 희생을 치를 사람들은 바로 우리 아이들입니다."

"그렇다면 어떤 가족관이 필요하다고 보십니까?"

남자는 약간 주춤하다가 반문했다.

"뭐라고요?"

"선호하는 가족 가치관이 뭐냐고 물었습니다."

또다시 침묵이 이어졌다.

"음, 그러니까……."

남자는 필사적으로 할 말을 떠올렸지만 결국 아무 말도 하지 못했다. 배꼽이 빠질 만큼 웃긴 장면이었다.

나는 결코 '전통적인 가족관' 운운하는 사람이 아니다. 오히려 실용적인 사고방식을 옹호하는 편이다. 우리가 '가치관'이라고 부르는 것은 한 개인이 가치 있게 생각하는 기본 원리 또는 존재 방식이라고 할 수 있다. 중요하게 생각하는 행동의 내부 규약, 실행의 근거로 삼는 규칙이다. 가치관은 우리가 어떤 존재인가에 관한 기본 토대를 형성하고, 우리가 현재 하고 있는 일과 장차 도달하게 될 종착역에 막대한 영향을 미친다. 예를 들어 당신의 핵심 가치관이 열정이라면, 핵심 가치관이 안정인 사람보다 더 높은 산꼭대기에 다다를 가능성이 훨씬 높다.

가치관은 타고난 환경에도 크게 영향을 받는다. 성격과 기질이 가치관을 결정하는 중대 견인차지만, 환경 또한 가치관 결정에 중요한 역할을 한다. 지배적인 가치관이 '이기심'과 '자기 우선'이라는 환경에서 자랐다면 사는 내내 그런 태도를 보일 것이다. 세상에 첫발을 내딛기 전부터 그런 메시지를 이미 내면화하고 나오는 것이다.

엄마들이 할 일은 아들이 타고난 능력의 범위 안에서 훌륭한 어른으로 성장하게끔 도와줄 핵심 가치관을 심어주는 것이다. 그것만 할 수 있다면 할 일을 다한 셈이다.

책임감과 겸손 그리고 연민

아들에게 가르쳐줄 핵심 가치관으로 무엇이 좋을지에 대해선 정말로 각양각색의 의견이 존재한다. 여러 연구자와 철학자들이 자신의 모든 것을 걸고 논쟁할 수도 있는 분야다. 나 역시 오랫동안 이 부분에 대해 생각을 거듭해왔고, 그 결과 세 가지 핵심 가치관을 정리할 수 있었다. 이런 문제에 '한 가지 정답'이란 존재하지 않는다. 이건 어디까지나 내 생각이니 당신은 이를 출발점으로 삼아 자신만의 핵심 가치관을 정립하기 바란다.

☆ 책임감

자신과 자신의 행동에 대한 책임감을 말한다. 세상은 우리의 삶을 책임져주지 않는다. 우리는 각자 자신만의 삶의 길을 찾아야 한다. 엄마는 아들에게 자신의 삶은 스스로 책임져야 한다는 생각을 항상 불어넣어 주어야 한다.

우리가 하는 모든 일은 결과를 낳는다. 이를 동양철학에서는 카르마 또는 연기緣起라고 한다. 서양에서는 나비효과 또는 카오스이론이라고 한다. 이걸 뭐라고 부르든 내가 행한 모든 일에는 결과와 책임이 따른다는 사실을 이해하는 게 중요하다. '나'라는 사람을 규정하는 것은 내게 일어난 일이 아니라 그 일에 반응하는 나만의 방식이다.

유감스럽게도 너무 많은 남성들이 결과를 무시하는 뻔뻔한 행동을 한다. 그들은 자신이 어떤 일을 해도 상대가 상처받지 않을 거라고 생각하거나 나쁜 일이 일어나도 자기 탓이 아니라고 착각하는 듯하다. 부모의 과잉보호를 받은 아들의 경우, 자신의 문제를 자기 것이 아니라고 여기기 때문에 이런 무책임한 남자로 자랄 수 있다. 문제는 아들이 일으키고 해결은 부모가 해온 것이다. 이래서는 책임감을 가르칠 수 없다.

책임감을 가르치려면 책임을 지게 해야 한다. 아들이 잘못하면 스스로 일을 바로잡게 해야 한다. 자식을 포기하거나 도와주지 말라는 뜻이 아니다. 오히려 그 반대다. 아들이 자기 행동의 결과를 직접 느낄 수 있도록 도와주어야 한다. 그렇게 결과에 대한 책임이 자신에게 있다는 사실을 가슴 깊이 새기도록 해야 한다. 그래야만 아들은 신중하게 생각한 뒤 행동해야 한다는 교훈을 얻게 될 것이다.

☆ 겸손

겸손을 배우려면 내가 세상의 중심이 아니라 일부임을 이해해야 한다. 겸손은 약한 자가 강한 자에게 순종한다는 의미가 아니다. 겸손이란 우리 모두가 한 사람의 개인이자 더 큰 세상의 일부분임을 이해하는 것이다. 겸손은 이 세상과 삶의 목적에 대한 균형 감각을 의미하기도 한다. 누구도 혼자서 여기까지 올 수는 없다. 앞서 간 이들의 어깨를 밟고 올라서야만 지금의 내가 있는 것이다.

겸손해지려면 타인에 대한 존중심이 필요하다. 다른 사람의 욕구를 위해 나의 욕구를 억눌러야 한다는 뜻이 아니다. 다른 사람은 항상 옳고 나는 항상 틀리다는 말 또한 아니다. 부모와 교사, 경찰, 그 밖에 만나는 모든 이들을 존중하라는 뜻이다.

우리는 부모로서 겸손의 모범을 보여야 한다. 혼자서 쩔쩔매는 은행원에게 좀 더 빨리 업무를 처리해달라고 짜증 내지 않는 것도 겸손의 한 예가 될 수 있다. 존중이란 타인도 중요한 존재이며 감정을 지녔음을 인정하면서 자신의 불만을 표현하는 것이다.

☆ 연민

연민이란 다른 사람을 보살피는 데 필요한 중요 개념이다. 연민이 없다면 어찌 됐든 수준 이하의 사람이다. 연민이 단 한 톨도 없는 사람은 거의 없겠지만, 연민이 가치관의 최하위를 차지하는 사람은 대단히 많다.

특별히 심술궂고 비열한 사람만 연민이 없는 것은 아니다. 행동하지 않는 것 역시 연민이 부족한 탓이다. 나쁜 일을 보고 외면하는 건 연민이 부족하기 때문이라고 할 수 있다. 아들에게서 연민의 감정을 끌어내려면 부모의 사랑을 직접 보여주면 된다. 왜 부모가 아들을 극진히 사랑하고 돌보는지 이해하면 연민은 저절로 체득하게 될 것이다.

가치관 가르치기

그렇다면 가치관은 어떻게 가르칠 수 있을까? 우선 가치관을 나침반처럼 여기도록 한다. 안개 자욱한 곳에서 길을 잃었을 때 나침반을 꺼내들면, 비록 구체적인 경로까진 알지 못하더라도 방향만큼은 잡을 수 있다. 한 치 앞도 보이지 않지만 적어도 어느 쪽으로 가야 할지 알 순 있는 것이다. 그럼 나침반을 읽는 법은 어떻게 가르쳐줄 수 있을까?

☆ 1단계 : 부모가 나침반을 사용하는 본보기가 된다

우선 나침반 사용의 유익한 점을 가르쳐야 한다. 그러려면 부모가 먼저 나침반을 쓰는 모습을 보여야 한다. 부모가 자신의 가치관을 어떻게 실천에 옮기는지 보여주면, 아들도 스스로 가치관에 따라 행동하는 법을 배우기 시작한다. 자신의 행동에 책임지지 않는 부모가 아들에게 책임감을 가르쳐줄 수는 없는 노릇이다.

제임스는 엄마와 함께 주차료 자동 정산기 앞에 줄을 서 있었다. 맨 앞에서 한 노인이 기계 사용법을 몰라 쩔쩔맸다. 주차권을 어디에 집어넣어야 할지 몰라 자꾸만 다른 구멍에 밀어 넣었다. 줄을 서 있던 사람들이 슬슬 짜증을 내기 시작하자, 노인은 더욱 당황해 어쩔 줄 몰랐다. 이때 제임스의 엄마가 앞으로 걸어가 노인에게 도와줘도 되겠느냐고 물었다. 노인은 고마워했고 엄마는 기계 사용법을 설명하는 동시에 주차료 정산을 도왔다. 노인은 감사하며 떠났고 줄은 다시 움직이기 시작했다. 엄마는 제임스에게 아무 말도 하지 않았다. 굳이 말할 필요도 없었다. 행동만으로 이미 수천 번의 설교보다 더 큰 메시지를 전달했으니까.

이 세상에 완벽한 사람은 없다. 누구나 매일 실수를 하고 후회를 한다. 그러니 아들에게 모범을 보이고 싶다면 부단히 노력해야 한다. 바쁜 일상 속에서 가치관에 따라 사는 게 얼마나 어려운 일인지 솔직히 이야기해주는 것도 좋다.

누구나 불만을 늘어놓고 때로는 도에 지나친 행동을 하기도 한다. 절대 잘못된 태도가 아니다. 사람은 완벽하지 못하기에 치러야 할 대가일 뿐이다. 부모도 때로는 아들에게 스트레스를 풀 때가 있음을 인정해야 한다. 엉뚱한 데서 화풀이한 부모의 성숙하지 못한 행동을 아들에게 사과해야 한다. 부모가 나침반을 읽으며 적극적으로 삶의 길을 모색해가는 모습은 아들이 자신의 길을 찾아가는 데도 큰 도움이 될 것이다.

☆ 2단계 : 나침반 사용법을 설명한다

우리는 나침반 바늘이 가리키는 쪽을 보고 방향을 가늠한다. 나침반은 금속이 지구의 자기장을 따라 움직이는 현상을 이용한 것이다. 지구는 커다란 자석이니 나침반의 바늘은 북극에서 남극으로 흐르는 자기장에 맞춰 자기 몸을 배열한다. 아이슬란드에서 사하라 사막까지 지구상 어디에서나 바늘은 보이진 않지만 실재하는 힘에 맞춰 스스로를 정렬한다.

가치관 또한 나침반의 바늘과 같다. 가치관은 지구상 어디에서나 작용하는 매우 실질적인 힘이다. 눈보라나 모래 폭풍 속에서 길을 잃으면 나침반을 꺼내 어디가 북쪽인지 알아낸다. 인생의 눈보라나 모래 폭풍을 만날 때도 마찬가지다. 책임감, 겸손, 연민 같은 가치관이 위기 상황에서 어떻게 행동해야 좋을지 알려준다. 모래 폭풍 속에서 길을 잃고 헤맬 때처럼 자신의 선택에 책임을 져야 한다는 생각으로 겸손함을 잃지 않는다면 훨씬 나은 선택을 하게 될 것이다.

물론 베어 그릴스의 〈인간과 자연의 대결〉을 봤다면 모래 폭풍 속에서 길을 잃었을 때 가장 좋은 생존법은 죽은 낙타를 찾아내 배를 가르고 내장을 꺼낸 뒤 그 속에 들어가 숨는 것이라는 사실을 쉽게 알 수 있을 것이다. 그러려면 칼과 죽은 낙타가 필요하고 또 어둡고 답답하고 냄새가 고약한 공간에서 견딜 수 있는 참을성이 필요하다.

☆ 3단계 : 아들이 직접 실천하게 한다

마지막 단계는 직접 나가 실천하는 것이다. 하나의 기술을 터득했을 때처럼 가슴 벅찬 성취의 순간도 없을 것이다. 나침반 읽기야말로 삶에서 습득해야 할 중요한 기술 중 하나다.

아들은 때때로 길을 잃거나 잘못된 길로 접어들거나 수렁에 빠질 수 있다. 그러나 일을 그르쳤다고 해서 잘못은 아니다. 오히려 아무 실수도 하지 않는다면 그건 아들이 지나치게 소심해서일 수도 있다. 일을 그르쳐봐야 교훈을 얻을 수 있다. 잘못된 길로 접어들어 늪을 만났다면 다음에는 더 신중하게 길을 택할 것이다.

유난히 길고 힘든 하루를 보낸 잭과 엄마가 대화를 나누고 있다. 엄마는 잭이 학급의 다른 남학생과 싸움을 벌인 일로 선생님의 호출을 받았다.

"대체 어떻게 된 거야?"

엄마가 물었다.

잭은 뚱한 얼굴로 어깨만 한 번 으쓱하고 만다.

"누가 먼저 시작한 거야?"

역시 어깨만 으쓱한다.

"네가 먼저 때렸니, 아니면 맞았니?"

"내가 먼저 때렸어."

"어쩌다가?"

다시 어깨를 으쓱.

"잭, 넌 싸움에 휘말릴 아이가 아니잖니. 대체 무슨 일이 있었던 거야?"

"그 자식이 나한테 아주 나쁜 말을 했어."

"뭐라고?"

"읽기 우수반에 들어가지 못했다고 나더러 바보라잖아."

"어머, 정말 나쁜 말을 했네. 그런데 왜 때린 거야?"

"나쁜 말을 했으니까."

"그래서 때렸다고?"

"응."

"그래서 마음이 편해졌어?"

어깨를 으쓱한다.

"기분이 어땠어?"

"몰라. 그냥 더러웠어."

"그 애 말이 옳다고 생각해? 네가 정말 바보라고 생각해?"

어깨 으쓱.

"엄마가 만약 '심술쟁이들은 거짓말을 할 줄 모르니까 넌 그런 애들 말을 잘 들어야 해.'라고 말하면, 넌 엄마 말이 옳다고 생각할 거야?"

"아니, 바보 같은 말이라고 생각할 거야."

"그래, 우리 아들은 똑똑하니까 잘 아는구나. 누군가 심술을 부릴 때는 사실이 아닌 말을 하는 경우가 많고, 그건 자기 기분 좋겠다고 남의 기분을 상하게 하려는 거야."

"알아."

"만약 그 애가 기분이 나빠서 나쁜 말을 했다면 넌 그 애를 때려줘야 할까, 아니면 그 애 기분을 좋게 할 방법을 찾아봐야 할까?"

"그 애 기분을 좋게 할 방법을 찾아봐야 해."

"똑똑하기도 하지."

"엄마!"

"응?"

"아이스크림 먹어도 돼?"

"잭, 괜찮은 시도였지만, 안 돼!"

아들이 어느 지점에서 실수를 저질렀는지 알아내려면 일단 내막을 찬찬히 들여다봐야 한다. 설교를 늘어놓거나 잘못을 지적하기 위해서가 아니라 진심으로 궁금하게 여기고 실현 가능한 문제 해결법을 찾기 위해서 말이다. 아이가 계속해서 심술을 부리고 반응이 없으면 질문을 던져가며 메시지를 전달하는 방법도 좋다. 이를테면 이런 식이다.

"다른 방법은 없었을까? 하지만 굳이 말하지 않아도 돼. 넌 똑똑한 아이니까 스스로 해결책을 찾아낼 수 있을 거야."

질문의 미덕은 굳이 시원한 대답이 돌아오지 않아도 된다는 것이다. 질문 자체가 대화의 충분한 출발점이 되기 때문이다.

PART 5
실생활에서
아들 키우는 법

01 의사소통
: 아들의 언어를 배운다

오해는 사소한 말부터 시작된다

다른 인간과 깊이 있는 의사소통을 하는 것만큼 큰 기쁨이 또 있을까? 지금껏 과학이 증명해준 바에 따르면 남성과 여성의 의사소통 능력은 별반 다르지 않다. 남성도 여성 못지않게 의사소통을 할 수 있다는 소리다. 그러나 현실은 안타깝게도 꼭 그렇지만은 않다.

남성과 여성은 결코 똑같은 방식으로 말하지 않는다. 남성과 여성이 하루에 사용하는 어휘 수는 비슷하지만 사용법은 약간 다르다. 물론 광범위하게 적용되는 사실은 아니다. 대화 기록만 보면 남성인지 여성인지 아니면 트랜스젠더인지 알기 쉽지 않다. 여성 CEO와 남성 CEO가 말하는 방식이 비슷하고, 의사나 교사, 엔지니어들 또한 성별에 따라 말하는 방식이 크게 다르지 않다. 하지만 사랑하는 사람들끼리의 대화라면 상황은 약간 복잡해진다.

사랑하는 남녀는 때로 철천지원수라도 되는 양 싸운다. 서로 말을 오해하거나 잘못 추측한 결과 벌어지는 싸움이 대부분이다. 고작 화장실 앞에 발깔개를 어떻게 놓을 것이냐를 두고 기를 쓰고 다툰다.

요즘은 초고속 인터넷이 보급되면서 커뮤니케이션의 양이 폭증하고 있다. 효과적인 의사소통 능력이 점점 더 중요해지고 있는 것이다. 지금까진 혼자 생각하는 것으로도 충분했지만 이제 그 생각을 효과적으로 전달하는 게 더 중요한 시기가 됐다. 시시한 아이디어에 지나지 않더라도 그걸 설득력 있게 알릴 방법만 찾아낸다면 많은 사람의 주의를 끌 수 있다. 그렇지 않고서야 이른바 '브랜드 생수'랍시고 엄청나게 비싼 값을 매겨 팔아먹는 엉터리 장사치들을 어떻게 설명할 수 있겠는가?

"나에게 끝내주게 좋은 생각이 있어."

"뭔데?"

"수돗물을 멋진 병에 담아 비싼 가격을 붙여 파는 거야."

"고작 수돗물로?"

“응.”

“그러니까 멋진 병에 담기만 하면 된단 말이야?”

“그렇다니까.”

“에이, 말도 안 돼.”

안타깝지만 말이 되고도 남는 소리다. 실제로 많은 사람들이 그 제품을 소비하기만 하면 특별한 사람이 될 수 있다는 광고 이미지에 속아 고작 물을 사는 데 엄청난 돈을 낸다. “나는 마신다, 고로 존재한다.” 마케팅 전문가의 이런 속삭임에 소비자들은 쉽게 넘어가 버린다.

그렇다면 우리 아들이 의사소통을 잘할 수 있도록 도와주려면 어떻게 가르쳐야 할까? 먼저 아들 고유의 화법을 이해할 필요가 있다. 그런 화법은 아주 사소한 것에서부터 엄청나게 큰 것까지 이른바 ‘아들 세계’ 전체에 통용되기 때문이다.

아들의 실용주의 대화법을 이해한다

아들의 대화를 이끄는 힘 중 하나가 바로 실용주의다. 아들의 대화에는 미사여구가 많지 않다. 서론 없이 곧장 문제의 핵심을 찌른다. 그래서 때로는 무례해 보이기도 한다. 대개 이런 식이다.

“제인 아줌마 집은 왜 이렇게 구린내가 나는 거야?”

"이것, 맛이 정말 고약하네."

"엄마, 애들 앞에서 뽀뽀 좀 하지 마. 바보 같잖아."

일부러 무례하게 굴려고 그러는 게 아니다. 그보다는 하고 싶은 말을 빨리 하려는 것뿐이다. 세 마디로 충분한 말을 굳이 다섯 마디로 늘릴 필요를 느끼지 못하는 것이다.

엄마는 아들에게 유익한 의사소통 방식을 가르쳐줘야 한다. 예의 바른 대화가 그 예다. 부모라면 누구나 자식이 깍듯하게 말하기를 원한다. 특히 엄마는 자식이 버릇없이 굴면 자기에게 비난이 돌아온다는 생각 때문에 예의에 더 민감하다. 그럼 아들에게 어떻게 예의를 가르칠 수 있을까?

예의는 상대방에게 좋은 인상을 심어주는 데 유용한 수단이며, 좋은 인상을 심어주면 자신에게 돌아오는 이익 또한 크다는 사실을 지속적으로 알려주자. 집 안에서도 예의는 유용한 도구다. 무례한 행동을 하면 처벌을 받지만 예의 바른 행동을 하면 원하는 것을 곧장 손에 넣을 수 있다.

효과적인 의사소통과 혜택의 인과관계를 설명하면 아들은 그에 맞게 행동할 것이다. 여자아이는 원래 '좋은 일'이라는 이유 하나만으로도 그 일을 하는 경향이 있지만, 남자아이는 그 일을 통해 무엇을 얻을 수 있는지가 분명해야 한다. 무슨 일이

든 해야 하는 이유가 분명해야 하는 것이 일반적인 '아들 세계'
의 규칙이다.

아들의 실용주의는 나이가 들면서 더 단호하고 확고해진다.
특히 십 대 청소년 아들은 교활한 실용주의자라서 생존을 위
해 필요한 최소한의 단어만 사용한다. 그러니 엄마에게 굳이 오
늘 학교에서 무슨 일이 있었는지 이야기할 필요를 느끼지 못하
는 것이다. 이미 지나간 일을 뭐하려고 보고한단 말인가? 게다
가 대부분의 십 대 아들은 엄마의 질문에 괜히 대꾸했다간 꼬리
에 꼬리를 문 질문이 쏟아질 거라는 사실을 잘 알고 있다. 그러
니 처음부터 어깨 한 번 으쓱하고 "몰라." 한 마디만 내뱉고 마
는 것이다.

엄마의 말수를 대폭 줄여라

이 대목은 1950년대로 회귀하자고 부르짖는 고리타분한 여
성 차별주의자의 주장처럼 보일 수도 있다. 그래도 건너뛸 순
없다. 나는 이 대목을 쓰면서 남성과 여성이 쓰는 하루 사용 단
어의 총량이 평균적으로 같다는 사실을 확인한, 애리조나대학
교의 마티어스 멜Matthias Mehl 교수의 연구를 계속 떠올렸다.

지난 세월 내 경험과 관찰로 미루어봐도 엄마가 아빠보다 아
들에게 훨씬 더 말을 많이 하는 것처럼 보였기 때문이다. 특히

엄마들이 아들을 혼낼 땐 뭐랄까, 음, 그러니까, 조금 많이, 이렇게 표현해도 될지 모르지만, 너무 지껄여댄다.

지금껏 아빠와 엄마가 자식을 어떻게 야단치는지, 구체적으로 어떤 말을 사용하는지에 관해 연구한 사람은 없다. 부모가 자식을 야단치는 장면은 여기저기서 상당히 많이 목격되지만 본격적인 연구가 진행되었다는 소식은 아직 없다. 따라서 나는 지난 20여 년간 여러 엄마, 아빠와 아들들을 만나면서 얻은 나의 통찰력을 나누는 선에서 그치도록 하겠다.

문제는 대체로 엄마가 말을 많이 할수록 메시지가 더 잘 전달된다고 생각하는 데에서 비롯된다. 엄마는 단순한 지시 하나에도 수많은 수식 어구와 근거 자료를 붙이는 경향이 있다. 때로는 불쑥 튀어나온 말까지 가세해 애초에 전하려던 메시지가 길을 잃고 헤매는 지경에 이르기도 한다.

사실 단어를 많이 사용할수록 메시지 전달의 효율성은 떨어진다. 말이 많아지면 쓸데없는 논쟁의 소지만 커진다. 앞서도 말했지만 아들은 교활한 실용주의자라서 말로는 결코 변하지 않는다. 막연한 합리성에 호소해 설득하는 건 거의 불가능한 일이다. 아들은 태도를 바꿔야 할 그럴싸한 이유가 있어야만 움직인다.

그러니 말은 줄이고 행동으로 보여줘라. 아들에게 뭔가를 요구할 때나 야단을 칠 때 가급적 적은 수의 단어를 사용하라. 적어도 지금 사용하는 어휘 수보다는 많이 줄여야 한다. 어휘 수를 최소로 유지할수록 논쟁의 가능성도 최소로 줄어든다.

아들의 말에는 왜 분노가 섞여 있을까?

아들도 딸만큼 다양한 감정을 느끼고 다양한 생각을 하지만 딸처럼 모두 말로 표현하거나 내색하진 않는다. 내 경험상 아들은 자신의 불행이나 스트레스, 불만, 불안감 등의 감정을 모두 뭉뚱그려 '화'로 표현하는 경향이 있다. 왜일까?

아들이 자신의 감정을 표현하면 대개의 경우 "남자라면 어느 정도의 어려움은 참고 견뎌라."라는 메시지를 전달받는다. 아들에게 주입된 남성성 가운데 적어도 강인함과 과묵함은 반드시 포함되어 있다. 대체 어디에서 이런 메시지가 오는 걸까? 엄마들이 전하는 건 아닐 것이다. TV 드라마, 영화, 컴퓨터 게임, 아니면 또래 친구들이 직간접적인 창구인 듯하다.

가엾은 우리 아들들이 대중문화로부터 나쁜 영향을 받고 있다고 투덜대는 게 아니다. 점점 여성화되어가는 사회에서 남성성이 악마처럼 취급받고 있다는 케케묵은 주장을 하는 것 또한 아니다. 강인하고 과묵한 것 자체가 나쁘다는 뜻도 아니다. 때로는 참고 견디며 어려움을 헤쳐 나가는 게 맞을 수 있지만 반대로 조금 덜 과묵하고 덜 강인해야 할 때도 있다는 말이다.

여기서 우리가 마음에 새겨야 할 사실이 하나 있다. 우리 아들들이 부정적인 감정을 대부분 분노로 표현하는 건 아들의 입장에선 꽤 정상적인 반응임을 우선 이해해야 한다는 것이다. 물론 부모로서 아들에게 다른 감정 표현 방식이 있음을 가르쳐줄 수도 있어야 한다.

아들과 엄마, 시시껄렁한 대화의 중요성

어린 사내아이들의 대화를 들어본 적이 있는가? 빈정거림과 놀림이 대화의 대부분을 차지하고, 그 내용 또한 대부분 어처구니가 없다.

내 아내는 친한 친구와 30분 정도 통화를 하곤 하는데, 그럴 때면 꽤 현실적인 이야기를 나눈다. 나도 가끔은 30분 정도 친구와 통화를 한다. 가령 내가 먼저 앨버트로스 커다란 날개를 가진 흰 바닷새 와 레슬링을 하고 싶다는 얘기를 꺼내면, 친구는 사람이 앨버트로스의 적수가 되겠느냐며 차라리 앨버트로스를 타고 행글라이드를 하라고 제안한다. 그럼 우리는 우선 앨버트로스를 타고 행글라이드를 해서 지치게 한 다음, 앨버트로스와 레슬링을 하면 되겠다고 결론 맺고 전화를 끊는다.

남자아이들도 얼마든지 진지한 대화를 나눌 수 있다. 하지만 시시껄렁한 이야기를 훨씬 더 좋아한다. 왜? 재미있으니까.

아들은 엄마와도 쓸데없는 이야기를 나누고 싶어 한다. 아들과의 하찮은 대화가 얼마나 강력한 반응을 일으키는지 경험해보길 바란다. 엄마가 그 사실을 깨닫는 순간 아들과 나누는 대화는 엄청난 기쁨이 될 것이다. 엄마가 어린 아들에게 터무니없는 이야기를 엄청 웃기게 들려준다면 아들은 엄마를 정말 멋진 사람이라고 생각할 것이다. 아들에게 거짓말하기는 부모 노릇이 가져다주는 즐거움 중 하나다. 아빠는 본능적으로 이런 사실을 알지만 엄마는 좀 더 머리를 굴릴 필요가 있다.

아홉 살 난 아들이 이런 질문을 던졌다고 생각해보자.

"엄마는 학교 다닐 때 어땠어?"

엄마는 다음 대답 가운데 하나를 선택할 수 있다.

A. 정말 재미있었지. 지금보다 학급은 훨씬 작았지만 선생님은 참 좋은 분이셨어. 엄마는 수학과 국어를 좋아했단다.

B. 정말로 학교에 가기 싫었지. 엄마는 어렸을 때 서커스가 보고 싶어서 집에서 도망쳤다가 10년 동안 서커스단에서 공중그네의 달인으로 살았어. 다른 사람들이 줄 위를 걸어 다닐 때 엄마는 폴짝폴짝 뛰어다녔거든.

C. 엄마가 다닌 학교 선생님들은 다 똑똑한 원숭이들이었어. 과일에 관해

서라면 모르는 게 없을 정도로 많이 배웠지.

D. 엄마가 일곱 살 때 학교에 가다가 그만 상어한테 잡아먹히는 바람에 읽기도 쓰기도 배우지 못했지 뭐야.

E. 엄마 학교가 성난 황소 떼의 습격을 받는 바람에 나무 위에 앉아서 기둥에 나뭇가지로 글씨를 써야 했어.

F. 그 밖에 말도 안 되는 이야기를 지어낼 수 있을 것이다.

솔직한 답변이나 현실적인 정보를 주고 싶다면 A가 괜찮겠지만 아들의 흥미를 끌려면 B~F가 훨씬 재미있을 것이다.

실없는 말을 주거니 받거니 하자

엄마가 아들 또는 남자의 의사소통에서 가장 이해하기 힘든 부분이 바로 끊임없이 상대의 신경을 건드리는 태도일 것이다. 나는 이를 남성성의 바보 같은 일부분이자 철 지난 마초의 흔적이라 생각하는데, 듣고 있노라면 한편으론 웃기기도 하다.

장난감 칼을 들고 대치 중인 일곱 살 난 두 남자아이 사이에서 이런 대화가 오간다고 생각해보자.

"이 방귀쟁이야!"

"네가 더 방귀쟁이야!"

"네가 훨씬 더 방귀쟁이야! 넌 방귀 뀔 때마다 바지가 내려가잖아!"

"웃기시네, 넌 방귀 뀔 때 아예 바지도 못 입잖아!"

"그래? 넌 방귀 뀔 때 오줌도 같이 싼다며?"

이러다가 어느 시점에 이르면 두 소년은 상대방의 특징이 적나라하게 표현된 말이 너무 재미있어 서로 떼굴떼굴 구르며 웃는다.

이런 대화를 듣고 경악을 금치 못하는 엄마들도 있다. 경망스러운 표현을 좋아하는 두 아이에게 중재와 교육이 필요하다고 생각할 수도 있다.

"친구끼리 서로 좋은 말을 해줘야지."

이렇게 말할지도 모른다.

그러나 '아들들의 세계'에서는 진짜 친구 사이에서만 서로를 방귀쟁이라고 부른다.

단어, 의미 그리고 감정

단어는 참 흥미로운 존재다. 그저 철자들의 무의미한 조합이 아니다. 비슷한 의미의 단어들이라도 조금씩 어감의 차이가 있다. 예를 들어 시댁에 가는 심정을 다음과 같은 단어를 써 묘사할 수 있다.

A. 도전적이다.

B. 흥미롭다.

C. 재미있다.

D. 고행 길이다.

E. 영혼을 파괴한다.

각 단어는 시댁에서의 일요일 저녁 식사 자리를 아주 다르게 묘사하고 있다. 아이들도 마찬가지다. 경험을 묘사하기 위해 사용하는 단어가 반대로 경험을 창출하는 방법이 되기도 한다.

분노나 공포 같은 감정을 경험할 때 감정 상태에 따른 생리적인 차이는 그다지 크지 않다. 두려움에 따른 신체 반응과 분노에 따른 신체 반응은 뚜렷이 구분되기 않기 때문이다. 분노든 두려움이든 어차피 심장이 빨리 뛰는 건 같다. 우리에게 어떤 일이 일어나면 신체는 먼저 각성을 경험하고, 그러고 난 뒤 그 각성의 의미가 무엇인지 파악한다. 즉 공포인지 분노인지는 우리 스스로가 의미를 부여함으로써 경험하게 되는 것이다.

> 신체 각성 + 의미 부여 = 감정

부모의 역할 측면에서 위 과정은 매우 중요하다. 위 공식의 두 번째 요소, 즉 의미를 부여하는 과정에서 부모가 영향을 끼칠 수 있는 여지가 많기 때문이다. 부모가 아이에게 가급적 다양한 감정 표현을 보여줘야 하는 이유가 여기에 있다. 만약 아이들이 자신의 감정을 결정할 때 선택의 폭이 넓다면 아이의 정서 생활은 훨씬 융통성 있고 풍부해질 수 있다.

연령별 의사소통 방법

유아, 아동, 청소년기 아들과의 의사소통에 도움을 줄 수 있도록 지금부터 각 단계별로 세 가지 조언을 하겠다.

☆ 유아기 아들(만 3~7세)

유아기는 세상을 이해하기 시작하는 최초의 시기다. 말을 배우고 언어를 통해 상호작용을 시작하며 말의 덩어리를 해석한 뒤 감정을 이해하는 법을 배운다. 이렇게 단어 뭉텅이를 해석하여 자신의 감정을 이해하는 법을 배우면서 좀 더 융통성 있게 행동할 수 있게 된다.

유아기 아들이 경험하는 감정은 범위가 무척 좁아 보이지만, 오히려 몇 가지 감정을 집중적으로 겪게 되므로 이 시기의 감정 이해가 퍽 중요한 것이다. 유아는 무척 솔직하고 강렬하고 때로는 재미있게 감정을 경험한다. 그중 가장 강렬한 감정은 분노로

만 2세에서 3세 사이에 최고조에 달한다. 이 시기 막무가내로 떼를 쓰는 모습이 자주 목격되는 것도 그 때문이다. 그동안 사랑스럽기만 했던 아들이 갑자기 홱 돌변하는 듯한 시기가 겨우 18개월째다. 그나마 다행인 점은 분노의 정도가 비교적 작아 기껏해야 소리를 지르거나 발을 동동 구르거나 물건을 던지는 수준에서 그친다는 것이다.

만약 아이의 분노 수준이 지나치다고 생각된다면 인터넷에서 '떼쓰기tantrum'를 검색해보라. 어쩌면 당신의 아이는 얌전한 축에 낄지도 모른다.

발달 중인 아이의 뇌에 한 차례 분노의 파도가 휩쓸고 지나가는 유아기에는 아이 스스로도 어쩔 도리가 없다. 분노가 저절로 소멸될 때까지 그저 기다릴 뿐이다. 이 시기 아이는 왜 생떼를 쓸까? 하고 싶은 일을 부모가 허락하지 않아서, 기술이 부족해 하고 싶은 일을 해내지 못한 좌절감 때문에, 그도 아니면 그냥 빨간색 컵으로 물을 마실 수 없어서 마냥 심술을 부리는 것이다.

아이들의 마음이 그토록 쉽게 산산조각 나는 걸 볼 때마다 나는 끊임없이 놀란다. 어린 아들의 마음은 믿기 힘들 정도로 쉽게 깨진다. 가족이 함께 외출을 하게 되어 〈텔레토비〉를 못 보게 되었을 때도 아이들의 연약한 마음은 수천 갈래로 찢어진다. 여기서 다행인 점은 아이들의 찢어진 마음은 몇 초 만에 저절로 회복되고 스트레스에서도 벗어난다는 사실이다.

유아기 아들의 의사소통 능력을 발달시키기 위해 엄마는 다음과 같은 일을 할 수 있다.

- 재미있게 해준다

유아기는 재미가 가장 중요한 시기다. 아이들과 가능한 한 재미있는 대화를 많이 나누어라. 실없는 소리도 괜찮다. 나비에 관해서, 물웅덩이에 대해서 이야기하고 아들의 블록쌓기를 보며 감탄을 금치 마라. 인내심이 허락하는 한 최대한 많이 말하고 크게 놀라라.

- 아들에게 선택의 여지를 많이 준다

분노 외에도 행복, 슬픔, 혼란, 두려움, 놀라움, 용기, 우울, 울적함, 애처로움, 기쁨 등의 감정도 있다는 걸 알려준다. 기분이 좋거나 화를 내거나 단 두 가지의 감정만 있는 게 아니라 선택의 여지가 더 많다는 사실을 알려주면 좋다. 아들에게 바닥을 구를 만큼 웃긴 얼굴로 "울적하니?"라고 물어본다면 아들은 우울한 감정을 느끼고 있어도 행복한 표정을 지을 것이다. 유아기의 감정 형성에 부모의 역할은 가히 절대적이라고 할 수 있다.

어린 아들에게 하는 농담의 중요성은 아무리 강조해도 지나치지 않다. 농담을 건네는 엄마도 듣는 아들도 어처구니없는 말은 어마어마하게 재미있다. 엄마가 아무리 구시대의 유물 같은 농담을 해도 아들은 곧이곧대로 믿어준다. 아이에게 마법과 경이로운 세상을 창조해줄 힘이 바로 엄마인 당신에게 있는 것이다. 권력의 힘은 엄청나지만 유효기간이 짧으므로 손안에 있을 때 맘껏 써라.

인생은 진지하게 대해야 하지만 아주 어린 나이부터 항상 진지할 필요는 없다. 아이 때부터 유머를 배워야 한다. 재미야말로 사는 맛이 아닌가?

☆ 아동기 아들(만 8~12세)

아동기는 아이들이 의사소통의 요령을 파악하기 시작하는 시기다. 많은 말을 하진 않지만 아동기 아이에게는 많은 일이 일어나며 그 모든 일이 아이에겐 중요하다. 여기서 문제는 부모 입장에서 아들의 말이나 행동이 지극히 사소해 보인다는 것이다. 사실이 그렇기도 하다.

"오늘 학교에서 조니가 물감을 엎는 바람에 책상 위에 물감이 흘러서 스미스 선생님이 닦아주었어. 하지만 조니가 울음을 터뜨리는 통에 선생님이 몰리더러 좀 도와달라고 했더니, 몰리는 조니가 점심시간에 자기를 괴롭혔기 때문에 도와주고 싶지가 않다고 말했고, 그래서 결국 어쩌고저쩌고 했다."는 이야기를 정말로 늘 신경 쓰며 들어줘야 하는 걸까?

그렇지는 않다. 보통의 부모라면 그렇게까지 하진 못한다. 때로는 저녁 식사를 준비하느라 바쁠 수 있고 하던 일을 마무리하느라 정신이 없을 수도 있다. 그래서 조니의 물감 사건이 어떻게 되었는지 세세하게 신경 쓸 수 없을지도 모른다.

여기서 중요한 것은 아들과의 대화를 흥미롭게 생각한다는 사실을 최대한 보여주는 것이다. 약간 지루할 때도 있겠지만 엄마가 자신과의 대화를 즐거워한다는 사실을 아들에게 알려줘야 한다.

누구도 100퍼센트 일관된 모습을 보여줄 순 없다. 그날의 〈텔레토비〉 이야기를 78번째 들어야 할 때 괴롭지 않은 부모는 없을 것이다. 정말이지 심각하게 고통스럽다는 건 하늘도 알고 땅도 알지만, 노력은 해야 한다. 몇 년만 지나면 처지가 완전히 뒤바뀌어 아들과 대화할 일이 거의 없어질 수도 있기 때문이다. 너무 늦기 전에 아들 곁에서 엄마의 관심을 보여줘야 한다.

아동기 아들과의 의사소통을 위한 세 가지 도움말은 다음과 같다.

- 관심을 가져라

아들과의 의사소통이 쉽지 않을 때가 많을 것이다 을 다하라. 그래야 아들이 청소년이 되었을 때 하고 생기면 엄마가 잠깐 짬을 내서라도 자신의 이야기에 귀 여줄 거라고 믿는다.

- 융통성을 길러주자

어떤 일에 감정적으로 반응할 때 융통성을 발휘할 수 있도록 가르치자. 화가 난 상태에서는 꾹 참는 것 외에 딱히 할 수 있는 일이 없으므로 사후 보고를 듣기로 하고 일단은 기다려라.

나중에 왜 화가 났는지 차분하게 과정을 짚어보고 다른 식으로 반응할 순 없었는지, 그 상황에서 유일하게 할 수 있는 행동이 그것이었는지 물어본다. 잠자기 전 머리맡이 가장 좋은 때이자 장소다.

- 자신감을 가르쳐라

"넌 영리하고 똑똑한 아이니까, 이 일을 잘 해결해나갈 거라고 믿는다."라는 엄마의 말 한마디면 아들은 충분히 자신감을 얻게 된다. 자기감정을 잘 파악할 수 있는 아이니까 최선의 길이 아니라고 생각되면 과감히 포기할 것이고, 강인한 아이인 만

룻된 일을 저지르지 않을 거라 북돋아준다.

감과 실력을 쌓아가는 시기인 만큼, 부모가 자

일어나고 있는지 진심으로 관심을 갖고 있다

야 한다. 때로는 지루하기도 하겠지만, 아동이

엄청나게 재미있는 일들로 가득하다는 사실

이다.

아들(만 13~19세)

츤기에 접어들면 엄마는 정말 힘들어진다. 가끔

한 동물처럼 보이기도 한다.

둥켜안기 좋아했던 사랑스러운 아들이 어느 날 갑

술쟁이로 돌변해, 엄마가 마치 자기 행복의 걸림돌이라

되는 양 구는 이유를 도무지 이해할 수가 없다. 말수는 급격히 줄어들고 대신에 '쳇' 하고 콧방귀를 뀌며 돌아설 때가 많아진다. 심지어 엄마에게 험악한 인상을 쓸 때도 있다.

이 시기 엄마들이 가장 두려워하는 건 의사소통의 단절이다. 그리고 엄마들이 저지를 수 있는 최악의 실수가 변명과 합리화로 문제를 적당히 모면하는 데 급급하는 것이다.

동시에 아들의 반응은 아랑곳하지 않고 기나긴 설교를 늘어놓는 태도 또한 좋지 않은 방식이다. 아들은 쉽사리 달라지지 않는다. 오히려 짜증만 더 낼 것이다. 십 대 아들은 엄청난 실용주의자임을 다시 한 번 기억하자.

청소년기 의사소통의 비결은 너무 단순하다. 그래서 잊어버리기도 쉽다.

"말하지 말고 기다려라." 이것 하나면 된다. 아들을 꾸짖지 말고 기다려라. 언젠가는 돌아올 테니 참을성을 갖고 기다려라. 청소년기 아들과의 의사소통이 정말 수수께끼 같다면 다음 세 가지가 도움이 될 것이다.

– 아들에게 여유를 줘라

일방적으로 말을 쏟아붓지 말고 아들에게 생각할 시간을 충분히 준다. 여유가 생겨야만 아들은 엄마가 한 말을 곰곰이 생각해볼 것이다. 때로는 질문 하나만 던져놓고 가만히 놔두는 것도 좋다. 생각할 여유를 많이 줄수록 정말로 생각이라는 것을 많이 하게 된다.

– 아들의 실용주의를 존중한다

청소년기 아들이 살아가는 방식을 잘 표현한 문장이 바로 "그게 나랑 무슨 상관이야?"다. 엄마가 이 말을 이해하면 아들과의 싸움에서 절반은 이긴 셈이다. 아들과 대화를 나눌 땐 이 표현의 의미를 항상 머릿속에 담고 있는 게 좋다. 그리고 아들과의 대화에서 초점은 가능한 한 아들이 자신에게 유익하다고 여기도록 맞춰야 한다.

– 엄마의 말은 적을수록 좋다

대화를 나눌 때 가능한 한 단어를 적게 쓰자. 쉼표로 연결되는 긴 문장은 사용하지 말고 물음표도 가급적 아끼자. 짧고 간단하고 명쾌한 표현이 최선이다. 말이 많아지면 언쟁으로 번질 공산만 커진다.

청소년기 아들과 대화를 나누지 말라는 말이 아니다. 당연히 대화는 해야 한다. 그러나 적당한 시간을 골라 대화하라는 말이다. 가끔은 수도승처럼 살 필요도 있다. 수도승들은 상대방이 질문하기 전에는 잠자코 있다가 질문을 받으면 비로소 상대가 알고 싶어 하는 것을 말해준다. 미리 상대방에게 질문이나 답변을 강요하지 않는다. 청소년 아들에게도 이런 방법을 써보라. 아들과의 관계가 훨씬 더 생산적으로 발전할 수 있다. 아들 또한 엄마의 말에 좀 더 귀를 기울일 것이다. 아들에게 설교를 늘어놓지 마라. 아들이 질문을 던질 때까지 기다려라. 어쩌면 아주 오랜 기다림이 필요할 수도 있다.

02 사자 길들이기
: 아들의 동적 기질을 이해한다

규율과 규칙이 필수다

어떤 엄마에겐 아들 키우기가 마치 사자 길들이기처럼 느껴질 수 있다. 아들은 매우 시끄럽다. 때로는 사나운 동물처럼 너무나 당혹스러운 행동을 한다. 다시 말하지만 아들은 뼛속부터 실용주의자다. 이 점을 이해하면 수수께끼 같은 많은 행동의 실마리가 풀릴 것이다.

나는 지난 20년 동안 엄마들과 함께 아들의 행동을 관리하는 방법을 모색해왔다. 그 결과 타임아웃이나 스티커, 소지품 빼앗기, 외출 금지와 같은 규율을 적용할 때 반드시 염두에 두어야 할 기본 원칙을 정리했다.

- 반드시 체계가 있어야 한다

아들은 체계를 좋아한다. 규칙을 좋아하고 앞뒤가 딱 맞아떨어지는 환경을 좋아한다. 무정부 상태는 끔찍히 싫어한다. 이런 점은 유아기부터 청소년기까지 항상 마찬가지다.

그렇다고 아들의 일을 사사건건 챙겨야 한다는 말은 아니다. 그래봐야 고통스러운 논쟁만 하게 된다. 단지 아들에게 하루 일과를 위한 충분한 규칙을 정해주고 예측 가능한 환경을 만들어주면 된다. 규칙은 되도록 간단해야 한다. 세 가지에서 다섯 가지면 충분하다. 예를 들면 다음과 같다.

❖ 다른 사람을 존중하고 그 사람의 물건은 소중히 할 것. 자기 물건도 소중히 할 것.
❖ 합의된 시간에 합의된 일을 할 것.
❖ 엄마가 원할 때마다 커피를 타줄 것.

- 지시는 간단하고 명확해야 한다

일을 지나치게 복잡하게 만들지 마라. 단순할수록 좋다. 말이 많을수록 아들이 엄마에게 등을 돌릴 소지만 커진다.

행동과 결과 사이에 명확한 연관성이 있음을 항상 알려줘야 한다. 그 정도는 당연히 알고 있을 거라고 기대하지 마라. 정확한 말로 분명히 일깨워줘야 한다.

☆ 스티커와 타임아웃

아들에게나 딸에게나 공통적으로 효과를 볼 수 있는 행동 관리 방식이 있다. 유아기 아들에게는 스티커를 활용하는 것도 좋은 방법이다. 웬일인지 유아기 아들은 스티커를 받기 위해서라면 무슨 일이라도 할 것 같은 기세로 덤비곤 한다.

타임아웃도 효과가 좋은 방법이다. 타임아웃에 관한 이런저런 온갖 이야기들은 다 잊어라. '절대로 아이를 방 안에 가두지 마라.', '복도에 세워두면 안 된다.' 따위의 말들도 무시하라. 어디든 아이가 서 있기 싫어하는 곳을 찾아 아이를 잠깐 세워두는 게 타임아웃이다. 아이들이 따분해하는 곳, 그래서 효과를 볼 수 있는 곳을 찾아라. 자기 방에 있는 걸 좋아하는 아이가 있는가 하면 싫어하는 아이도 있으니, 벌을 주기 적합한 장소를 특정할 순 없다. '어떤 연령대는 1분 정도가 적당하다.'는 말 따위도 다 잊어라. 내 사랑스러운 아들은 해마다 한 시간씩 추가해야 할 정도다.

☆ 효과 만점 사다리 기법

　사다리 기법은 재치 있는 훈육법으로 효과가 매우 뛰어나다. 남녀 모두에게 적합하지만 특히 남자아이에게 효과가 좋다. 아들이 시간 개념을 이해할 나이가 되면 사다리 기법은 최고의 효과를 볼 수 있다. 그런 의미에서 만 6세 이하의 어린 아들에게는 효과가 없을 수도 있다. 만 6세가 넘었어도 시간이 늘어나고 줄어드는 개념을 이해하지 못하면 힘들다. 우선 효과 만점의 사다리 사용법부터 설명하겠다.

1. 종이 위에 간단히 시간 사다리를 그린다. 사다리 맨 위 칸에 아들의 평소 취침 시간을 적고 30분 단위로 한 칸씩 아래로 내려온다. 맨 아래 칸에는 학교를 파하고 집으로 돌아오는 시간을 쓴다. 아들의 연령에 따라 각 단계를 10~15분씩으로 설정해도 좋다.

8:00 PM
7:30 PM
7:00 PM
6:30 PM
6:00 PM
5:30 PM
5:00 PM
4:30 PM
4:00 PM
3:30 PM

2. 사다리를 아이가 잘 볼 수 있게 냉장고 위에 붙여놓는다.

3. 사다리 맨 위 칸에 냉장고용 자석을 붙인다. 이 자석은 아이의 취침 시간을 표시하는 '깃발'의 역할을 한다. 아이가 여럿이면 각자 고유한 깃발을 정해준다.

4. 매일 사다리 맨 위 칸부터 시작한다.

5. 아이가 못된 행동을 할 때마다 깃발을 한 칸씩 아래로 내린다. 보통 셋을 세는 동안 행동을 멈추지 않으면 깃발을 한 칸 더 아래로 내린다.

6. 약속을 지키지 않으면 깃발을 한 칸 내린다.

7. 말을 들을 때까지 깃발을 계속 내린다. 깃발이 현재 시간에 도달하면 아이는 모든 일을 멈추고 곧바로 자러가야 한다. 예를 들어 깃발이 오후 3시 반까지 내려왔다면 그 시간에 아이는 곧장 잠자리에 들어야 한다.

8. 가장 중요한 건 이 대목이다. 현재 시간까지 깃발이 내려와 잠을 자야 하는데 평소 '노력보상' 행동을 하면 위로 올라갈 수 있다.

9. 깃발이 아래로 내려갈 일을 전혀 하지 않은 날 또는 약속 시간을 잘 지킨 주에는 특별한 상으로 보상한다. 이것이 노력보상이다. 가령 일주일 중 사흘 이상 약속 시간을 지키면 노력보상을 해준다는 점을 미리 합의해야 한다. 어느 정도 난이도가 있으면서 달성 가능한 목표를 세워야 한다. 처음에는 일주일에 이틀 정도로 정했다가 아이의 행동이 향상될수록 점차 늘리는 식으로 하는 것도 좋다. 이런 식으로 사다리는 점점 높아질 수 있다.

☆ 노력보상 행동

'노력보상'은 사다리에서 꽤 중요한 역할을 한다. 악순환에서 벗어나 긍정적인 순환으로 들어가기 위한 견인차나 다름없기 때문이다. 노력보상은 긍정적인 행동으로 돌입하도록 아이를 격려하기 위한 장치다. 노력보상 행동에 속할 만한 일은 다음과 같다.

- 마당 쓸기
- 식기세척기 비우기
- 빨래 널기
- 자기 방 정리하기
- 진공청소기 돌리기
- 동생과 잘 놀아주기
- 애완견에게 먹이 주기

이 중 어떤 일을 할지는 아이가 직접 고르도록 한다. 그래야 역효과를 피할 수 있다. 구체적인 노력보상 행동을 카드에 적은 다음 상자에 넣고 아이에게 한 장 뽑게 하는 것도 좋은 방법이다. 예를 들면 다음과 같다.

구체적으로 어떻게 해야 노력보상 행동으로 인정해줄지 사전에 정확히 정하라는 말이다. 그래야 주어진 일을 제대로 마쳤는지를 둘러싼 마찰을 피할 수 있다. 예를 들어 식기세척기 비우기를 노력보상 행동으로 선택했는데, 싱크대 위에 물기가 남아있다면 이렇게 말하면 된다.

"잘했어. 그런데 5단계를 깜박 잊었구나. 마저 다하면 엄마한테 와서 알려줘. 그럼 같이 깃발을 한 칸 올리자."

난이도가 높은 일을 할수록 노력보상의 크기는 커진다. 예를 들어 자기 방을 청소하면 사다리 한 칸을 올려주고, 마당을 쓸면 두 칸을 올려주는 식으로 미리 정해두는 것이다. 이때 아이의 연령을 고려하는 게 중요하다. 그리고 아이가 노력보상 행동을 잘 마치면 칭찬해주는 게 좋다. 그래야 아이는 자신의 선택이 옳았다고 느낄 것이다.

☆ 십 대 청소년에게도 효과가 있을까?

물론 있다. 서양에서는 십 대 청소년을 대상으로 사다리 기법을 효과적으로 실행하는 학교가 많다. 청소년 보호시설 같은 곳에서 사다리 기법을 활용하는 모습을 본 적도 있다.

사다리의 항목은 사용하는 곳에 따라 창의적으로 변용할 수 있다. 예를 들어 일찍 잠자리에 들어야 한다는 항목을 귀가 시간이나 컴퓨터 사용 시간, 전화 사용 시간 등 다른 것으로 대체할 수 있다.

☆ 사다리 기법은 왜 아들에게 특히 효과가 있을까?

사다리 기법은 구조가 명확해서 이해하기 쉽기 때문이다. 또한 행동과 결과가 즉각 연결되기 때문에 동기부여 효과가 크다. 사다리 기법은 자신의 감정과 행동을 직접 관리할 수 있도록 아들에게 책임감을 부여한다. 아들이 고함을 지르기 시작하면 잔소리할 필요 없이 그냥 깃발만 한 칸 내리면 된다.

사다리 기법을 통해 아들은 스스로 상황을 통제하지 못하면 자신의 소중한 시간만 잃게 된다는 걸 배운다. 그러므로 엄마의 요구를 들어주는 차원을 넘어, 스스로 분노를 다스려야 할 필요를 느끼고 자신의 감정과 행동을 조절하게 된다.

지저분하고 야단법석인 아들을 참아줘라

엄마 혼자 아들을 키우는 경우라면 잘 새겨들어야 할 내용이다. 만약 남편이 있다면 상황은 좀 다를 수 있다. 엄마는 남편을 통해 아들을 배우게 될 테니까.

엄마들은 보통 아들의 본모습을 있는 그대로 인정하려 하지 않는다. 자신이 원하는 모습으로 아들을 바꾸고자 무던히 애를 쓴다. 엄마의 머릿속에서 만들어진 이상적이고 바람직한 아들의 모습을 현실의 아들에게 그대로 투영하려고 한다. 바로 그것이 엄마들의 실수다.

엄마들은 방을 깨끗이 치워라, 조용히 말해라, 점잖게 굴어라 등 가치 있는 말을 주입해주기만 하면 아들이 훌륭한 사람으로 자랄 거라 생각한다. 하지만 현실은 안타깝게도 그렇지 않다.

아들이 어렸을 땐 리모컨을 누르듯 아들의 일거수일투족을 통제할 수 있을지 모르지만 이런 상황은 머잖아 바뀐다. 인생의 시작을 깨끗하고 조용하고 안정된 분위기에서 보낸 아들일수록 청소년이 되었을 때 순진했던 과거를 보상받으려는 듯 온갖 오물을 뒤집어 쓰고 불평 불만으로 가득 차게 될지 모른다.

다음은 엄마에겐 너무나 이상하게 느껴지지만 아들에게는 지극히 정상적인 행동 목록이다.

❖ 시끄럽게 떠들고 고함지르기

❖ 형제 또는 친구끼리 서로 밀치기

❖ 형제끼리 다투기

❖ 집 안을 난장판처럼 어지르기

❖ 흙장난하기

❖ 막대기로 찌르는 놀이

❖ 난폭한 게임하기(총싸움, 폭탄 놀이, 사지 절단 게임 등)

❖ 벌레 모으기

❖ 공룡에 집착하기

❖ 온갖 잡동사니 쌓아두기

❖ 괜한 심술부리기

❖ 미치광이처럼 웃어대기

❖ 방귀 뀌기 또는 방귀 소리 흉내 내기

❖ 방귀에 관한 농담하기

❖ 화장실 유머하기

❖ 트림하기

❖ 위험하고 아슬아슬한 일에 도전하기

아들의 이런 모습은 지극히 정상적인 것이다. 여기에 부모가 근심 걱정할 만한 행동은 전혀 없다.

03 엄마의 악몽
: 게임과 인터넷 중독, 음주와 흡연, 난폭 운전

컴퓨터 게임에 열광하는 아들들

아들은 컴퓨터와 인터넷, 게임, 전자기기 등에 열광한다. 연령대와 상관없이 전자 장난감을 무척 좋아한다. 이유는 잘 모르겠지만 그냥 좋아한다. 여자들이 왜 그렇게 구두를 좋아하는지 알 수 없는 것과 비슷한 이야기다. 논리적으로는 설명할 길이 없지만 사실이 그렇다. 남자들을 한 번 전자 상가에 풀어놔보라. 그곳이 천국이다. 지난밤 처남이 최신 아이폰을 샀다고 자랑을 늘어놓았다. 정말 멋졌다.

"이것 좀 봐."

나는 아이폰을 흔들어 동작 감지 센서에서 나오는 〈스타워

즈〉 음악을 감상하며 아내에게 물었다.

"정말 멋지지 않아?"

아내는 흐뭇하게 웃었다. 아들 녀석이 특별한 나뭇가지를 발견했다며 자랑할 때 지었던 미소와 똑같은 것이었다.

"정말 멋지네."

아내는 이렇게 대답했다. 아내가 정말로 멋지다고 생각해서 그렇게 답했다고는 생각하지 않는다. 아마 조금은 유치하다고 생각했을 것이다. 게다가 어떤 일이 있어도 그 아이폰은 사주지 않을 테니 꿈도 꾸지 마라는 느낌이 담긴 미묘한 말투였다. 제기랄.

아들이 있다면 당신의 삶에 온갖 전자기기와 게임이 끼어들게 될 거라고 예상해두는 게 좋다. 적어도 최신 전자 제품을 사달라고 끊임없이 졸라대는 아들을 지켜봐야 할 것이다.

많은 엄마들이 컴퓨터 게임이 아이들에게 나쁜 영향을 주지나 않을까 걱정한다. 그런 게임을 본 적이 있다면 내 말이 무슨 뜻인지 알 것이다. 악명 높은 〈GTA Grand Theft Auto〉라는 게임에서는 경찰을 총으로 쏘고 자동차를 훔치고 야구방망이로 매춘부를 때려죽이는 내용이 나온다. 무시무시하다. 이처럼 형편없이 섬뜩하고 혐오스러운 게임도 있지만, 한편으론 외계인이나 좀비, 나치를 향해 총을 쏘는 게임 등은 재미있기도 하다.

컴퓨터 게임은 정말 해로울까? 폭력적인 게임을 하면 폭력적인 사람이 될까? 사실 이런 논쟁에는 정답이 없다. 나 역시 컴퓨터 게임과 폭력성의 상관관계에 대한 연구들을 열심히 찾아보았는데 연구마다 관계가 있다 또는 없다로 결론이 제각각이라 단정 짓기 어려웠다. 모든 입장에 근거가 있었고 어느 쪽도 확실하지 않았다. 하지만 아직은 아들이 온종일 외계인을 총으로 쏘다가 밖으로 나가 진짜 사람들을 다치게 하면 어떡하나 걱정할 단계는 아닌 것 같다.

컴퓨터 게임의 폭력성에 덧붙여 '중독' 문제도 심각한 논란이 되고 있다. 아들이 어두운 방에 틀어박혀 〈헤일로3 Halo 3〉 게임을 하는 것 외엔 어떤 일에도 관심을 보이지 않는다고 걱정하는 엄마들을 더러 보았다. 지난 20년 사이 정보 기술이 이룬 거대한 진보 덕분에 오늘날 게임은 광적인 탐닉의 대상이 되었다.

나도 일주일 넘게 〈영광의 메달 Medal of Honor〉이라는 게임에 빠져 몇 시간이고 나치를 총으로 쏘며 보낸 적이 있다. 게임 속에서 나는 미국의 낙하산 부대원이었다. 엄마들이 듣기엔 꺼림칙하겠지만 남자들에게 이보다 멋진 일은 없다. 하지만 열흘 내내 게임을 하고 나니 이 게임을 없애지 않는 한 난 결코 생산적인 일을 할 수 없을 거라는 사실을 깨달았다. 그런데도 게임에서 빠져나오기 위해선 상당한 노력과 의지가 필요했다. 내 두뇌가 당장 연합군과 함께 유럽을 위해 싸우라는 명령을 계속 보냈기 때문이다. 진짜 전쟁은 아니었지만 내가 왠지 아군을 배신한다는 느낌을 지울 길이 없었다. 내 나이 마흔에도 그토록 빠져나오기 어려웠는데 만약 열일곱 살에 이 게임에 빠졌더라면 인생을 탕진했을지도 모를 일이다.

그렇다면 아들의 게임 문제에는 어떻게 대처하면 좋을까?

❖ 게임기는 사주지 마라. 나도 내 아들에게 사준 적이 없다.

❖ 만약 게임기가 있다면 게임할 시간과 규칙을 엄격히 정해줘라.

❖ 게임 시간과 공부를 연결시켜라. 숙제를 마쳐야만 게임을 할 수 있게 한다.

❖ 제한 시간을 넘겼다고 게임기 자체를 없앨 필요는 없다. 전원 코드나 조종기만 없애도 된다.

❖ 아들이 게임에 너무 빠져있다면 한 달 정도 기기를 압수하고 다른 일을 하도록 한다.

❖ 아들이 깨어 있는 시간을 거의 모두 게임에 쏟아붓는 심각한 수준이라면 게임기를 불에 태워버려라. 그래야 하지 못할 것이다. 물론 아들이 반항하겠지만 엄마가 하는 모든 일이 아들의 마음에 들 순 없다. 때로는 어려운 주문도 해야 하고 심한 비난과 공격도 감수해야 하는 것이 엄마라는 자리다.

일부 컴퓨터 게임이 상당히 폭력적이기는 하지만 게임 때문에 모든 아이들이 범죄와 비행에 빠지는 것은 아니다. 예부터 어른들은 항상 대중문화의 덫에 빠져 타락해가는 아이들을 걱정했다. 19세기 말에도 중산층에선《바니 더 뱀파이어, 피의 축제》나《스위니 토드, 어느 잔혹한 이발사 이야기》같은, 이른바 '싸구려 엽기소설'의 출판이 급증하는 현상에 대해 심각한 우려와 경각심을 표출했다. 이런 소설이 어린아이들을 반사회적 행동과 범죄로 내몬다고 걱정한 것이다. 그러나 그런 일은 실제로 일어나지 않았다.

인터넷 사용, 적절한 규칙과 보안이 필요하다

월드와이드웹. 믿을 수 없을 정도로 훌륭하고 경이롭기 짝이 없는 세상이다. 인터넷은 세상을 변화시켰고 우리는 그 세계를 이제야 겨우 이해하기 시작했다. 그리고 대체로 인터넷을 좋게 보고 있다.

인터넷은 놀이 공간에 평등을 가져왔고 우리 손에 언론 권력을 되돌려주었다. 탐욕스러운 미디어 거물이 아니더라도 누구나 인터넷을 쉽게 이용할 수 있다. 인터넷은 누구에게나 속한 것이면서 동시에 누구의 것도 아니다. 인터넷 덕분에 우리는 어디에 살고 있든 머릿속의 생각을 끄집어내 세상을 변화시킬 수

있고, 엄청난 돈을 벌 수도 있으며, 슬프고 웃기고 아름다운 것
들을 만들어내 전 세계와 공유할 수도 있다. 정말 대단하지 않
은가.

물론 그중엔 포르노도 있고 엽기물도 있으며 피싱phising 범
죄도 있다. 그러므로 더더욱 인터넷에 관한 기본 지식을 갖추고
있어야 한다. 아들이 온라인 세상에서 전혀 다른 삶을 꾸려가고
있는데 그걸 모르는 엄마들이 있다. 트위터, 페이스북 같은 소
셜 네트워크 사이트에 한번 가보라. 거기엔 새로운 인생이 펼쳐
져 있다. 아들이 소셜 네트워크 서비스를 이용하고 있다면 더욱
관심 있게 지켜봐야 한다.

대부분의 아이들은 트위터나 페이스북에 좋아하는 가수나
TV 프로그램, 유명인의 사진 등 비교적 단순한 내용의 글을 게
시하지만 꽤 의미 있는 글을 쓰는 아이들도 있다. 또 채팅도 엄
청나게 주고받는다. 버튼 하나만 클릭하면 낯선 사람과 금세
'친구'가 될 수 있고, 웹페이지에 댓글을 다는 방식으로 새로운
친구들과 대화를 나눌 수도 있다.

가짜 아이디로 신분을 위장해 아들의 온라인 활동을 감시하
는 부모도 더러 있다. 그런 부모들은 아이들이 개인 정보를 제
대로 간수하고 있는지 테스트하는 질문을 던지기도 한다. 명백
하게 사생활 침해인 이런 행동을 나는 결코 추천하지 않겠다.

이렇게도 생각해볼 수 있다. 인터넷에 자신의 글을 올리고 개인 정보를 유통시키는 행위 자체가 일종의 '자발적인 사생활 포기'는 아닐까?

기본적인 인터넷 안전 수칙은 다음과 같다.

❖ 컴퓨터는 항상 집 안에서 공개된 장소에 있어야 한다.

❖ 개인 정보를 절대 누설하지 않도록 아들을 철저히 교육한다. 또한 소셜 네트워크 사이트에 개인 정보를 올릴 때는 신중에 신중을 거듭해야 한다고 가르친다.

❖ 최소한 성인물은 걸러낼 수 있는 보안장치를 마련해야 한다. 아들은 엄마보다 훨씬 컴퓨터를 잘 알기 때문에 얄팍한 보안장치쯤은 얼마든지 뚫을 방법을 찾는다. 따라서 엄마는 유해물 차단을 위해 최선을 다해야 한다.

❖ 보이스 피싱에 낚이지 않도록 주의한다. 가령 멀리 사는 억만장자 친척 이름으로 2억 원을 송금하고 싶다는 중국인에게 자기 정보를 넘겨주는 일이 없도록 조심해야 한다.

음주와 흡연

요즘 술과 담배를 접하는 시기가 점점 어려지면서 많은 아들들이 청소년기에 음주와 흡연을 시작하고 있다. 아이가 음주나 흡연을 한다는 사실을 알았을 때 당혹스럽지 않을 엄마는 없을 것이다. 이 문제를 어떻게 대처하는 게 좋을까?

❖ 드라마나 영화, 인터넷 기사를 접할 때마다 아들에게 술·담배 이야기를 자주 한다. 잔소리처럼 들리지 않게 하되 기회가 있을 때마다 해야 한다.

❖ 보통 아이들에게 설교를 늘어놓으면 역효과가 나기 쉽지만, 술·담배에 관해서는 엄마의 가치관을 아들에게 정확히 심어주는 게 좋다.

❖ 술·담배에 관한 지식과 정보가 필요하다면 인터넷을 검색해본다.

❖ 술·담배에 관한 아들의 생각을 자주 물어본다.

❖ 아들이 술·담배를 한 적이 있거나 지금 하고 있다고 말해도 차분하게 계속 대화를 나눈다.

❖ 아들에게 또래의 압박이 있다면 그 문제를 해결할 전략을 준다. 예를 들면 "우리 엄마가 직접 음주 측정을 하기 때문에 안 돼."라고 말하도록 가르친다.

❖ 가장 중요한 것은 위급 상황에서 엄마에게 도움을 청할 수 있도록 아들이 마음을 여는 것이다.

❖ 엄마부터 모범을 보인다. 엄마가 담배를 피거나 술에 취해 있는 모습을 보인다면 아들이 과연 엄마의 말을 진지하게 들을까?

아들이 말은 안 하지만 음주나 흡연을 하는 게 분명하다면 어떻게 할 것인가?

❖ 절대 당황하지 않는다. 당황하면 사태는 더욱 악화될 뿐이다.

❖ 버럭 화를 내지도 않는다. 엄마가 화를 내면 아이는 방어적으로 나오거나 오히려 더 큰 분노로 대응할 것이다.

❖ 차분하고 평화로운 때를 골라 아이와 대화를 나눈다.

❖ 비난하기보단 엄마로서 걱정과 관심을 진솔하게 털어놓는다.

좋은 예 : 네가 요즘 담배 피우는 거 알고 있어. 엄마랑 이야기를 좀 나눴으면 좋겠다.

나쁜 예 : 요즘 너 담배 피우는 거 다 알아. 거짓말할 생각은 마!

❖ 아이의 말에 귀를 기울인다. 그러나 설교를 늘어놓지는 마라. 엄마의 관심이 진심이라는 확신이 들어야만 비로소 아들은 자신의 생각을 솔직히 털어놓을 것이다.

❖ 아이만큼 엄마에게도 권리가 있음을 잊지 마라. 엄마도 담배 연기와 술 냄새가 없는 집에서 살 권리가 있다.

❖ 아이는 문제가 없다고 말하지만 엄마 눈에는 상황이 심각해 보인다면 관련 기관에 도움을 요청한다. 정보와 조언뿐 아니라 후원도 받을 수 있다.

혹시 아들에게 음주나 흡연이 의심되거나 사실임이 드러났을 때도 절대로 흥분해 날뛰어서는 안 된다. 물론 부모로서 흥분을 가라앉히기란 쉽지 않을 것이다. 그러나 그래서는 안 되는 이유가 있다. 아들이 엄마와의 대화를 차단하고 입을 다물어버린다면 그땐 더욱 걷잡을 수 없는 상황으로 빠져들기 때문이다.

자동차 운전 문제

나는 만 15세 때 3개월 만에 면허증을 땄다. 그러고는 아빠의 최신 자동차가 정말 시속 160킬로미터로 달릴 수 있는지 확인에 들어갔다. 나는 아빠의 자동차에 친구들을 잔뜩 태우고 고속도로에 나갔다. 정말 미친 짓이었지만 당시 우리는 제정신이 아니었다.

지금 와서 그날을 떠올려보면 온몸이 오싹해진다. 나는 친구들과 나 자신을 위험에 빠트렸을 뿐 아니라, 여러 가족의 삶까지 망칠 수 있었다. 하지만 당시 철이 없던 나로선 그런 생각은 하지도 못했다.

"정말 시속 160킬로미터로 달릴 수 있어?"

"당연하지!"

우린 모두 멍청했다.

아들들은 대체 왜 자동차에 대해 이토록 사리 분별이 부족한 걸까?

앞서 청소년기 두뇌에 대해 살펴보았듯 그들의 머리는 아직 정상이 아니다. 두뇌에서 '이성의 자리'라고 불리고 위험성을 판별하는 전전두엽pre-frontal cortex 부위는 20대 초반까지 계속 발달한다. 청소년이 자동차로 속도 전쟁을 벌이는 등 또래들과 함께 위험한 일을 서슴지 않는 것은 미성숙한 두뇌 문제에서 비롯된다.

그런데 문제는 사리 판단력이 부족한 청소년기부터 운전면허를 취득할 수 있다는 것이다. 이 문제는 어떻게 대처해야 좋을까?

- 만 26세까지 아들을 꽁꽁 감금해둘 수 없다면 운전면허 취득 시기를 될 수 있는 대로 늦춘다.
- 청소년기에 면허를 취득했다면 반드시 방어 운전을 하게 한다.
- 차를 구입한다면 속력이 높은 차는 피한다.
- 엄격한 운전 규칙을 정하고 이를 어기면 자동차 사용권을 박탈한다.

자동차는 정말로 무서운 도구다. 아들이 차를 몰고 나갈 때마다 세심한 주의가 필요하다. 아들에게는 운전의 자유도 필요하지만 자칫하면 죽음에 이를 수도 있음을 알려줘야 한다. 만약 아들이 운전에 부주의하다고 생각된다면 가차 없이 자동차 열쇠를 빼앗아라.

04 사건 사고를
몰고 다니는 아들을 위한 조언

약간의 비행은 오히려 정상이다

누구나 착한 아들을 원하지만 그건 부모 마음대로 되는 일이 아니다. 자녀를 범죄자를 키우고 싶은 부모는 아마 없을 것이다. 사실 나는 그런 부모를 만나본 적이 있긴 하지만, 보통은 그렇지 않다.

대부분의 부모는 아들이 어느 순간 탈선할지도 모른다는 불안감을 안고 살아간다. 부모 자신도 어렸을 때 사소하지만 나쁜 짓에 가담한 적이 있음을 기억하기 때문이다. 은행을 터는 일까진 아니더라도, 구멍가게에서 과자나 사탕을 슬쩍한다거나 미미한 정도의 기물 파괴 정도는 누구나 한 번쯤 해봤을 것이다.

전 세계적으로 청소년 범죄가 증가 추세를 보인다고 한다. TV나 신문에서도 청소년 범죄 뉴스가 넘쳐나고 있다. 얼마 전에도 미국의 열 살 소년이 아버지를 살해한 혐의로 구속되었고, 열네 살 소년 두 명이 살인을 저질렀다는 보도가 있었다. 또 십대 소년이 고양이를 고문하고 목을 매단 혐의로 기소되었다는 기사도 보았다.

대체 무슨 일이 벌어지고 있는 걸까?

놀랍게도 남자아이의 비행 자체는 정상이라는 게 밝혀졌다. 적어도 미미한 비행은 정상이다. 대부분의 서구 국가에서 최근 몇 년간의 범죄율 현황을 살펴보면 안정 추세가 두드러진다. 대략 만 17세 무렵에 범죄율이 최고조에 달하고 성인기로 갈수록 급격히 떨어진다. 20대 초반에 이르면 범죄자의 수는 50퍼센트까지 줄어든다. 만 28세가 되면 과거 비행에 가담했던 청소년의 85퍼센트가 범죄를 그만둔다. 남성과 여성, 범죄 유형에 상관없이 이런 추이는 비슷하다. 직장을 구하고 나이가 들면서 어린 시절의 방황은 대개 끝이 난다는 말이다.

구체적인 수치로부터 잠시 눈을 돌리는 것도 좋다. 이런 수치들을 보고 있노라면 사랑하는 내 아들이 경찰에 붙들려 집으로 돌아오는 일이 벌어지지 않을까 하는 괜한 공포감에 빠질 수 있기 때문이다. 참고로 청소년들이 고백하는 비행 정도는 공식적인 범죄율을 훨씬 웃돈다. 대부분의 청소년이 이런저런 비행을 저지르지만 들키거나 붙잡히진 않는다는 말이다. 나는 13세부터 21세 사이에 아무런 범죄도 저지르지 않았다. 범죄율 0퍼센트의 기록이 내게는 물론 내 어머니에게도 천만다행이었다.

좌우간 내가 여기서 하고자 하는 말은 유죄판결 한 번 받았다고 해서 상습범이 되지는 않는다는 것이다. 경찰이 당신 집의 현관문을 두드리는 일이 생기더라도 이 메시지를 결코 잊지 마라. 그렇다고 아들의 범죄를 별일 아닌 것처럼 여기라는 말은 아니다. 분명히 그것은 '별일'이다. 다만 그런 생각을 잊지 말고 간직하라는 것이다.

두 가지 유형의 문제아

내 경험상 범죄를 일으키는 청소년에는 두 가지 유형이 있다. 첫 번째 유형은 '고전적인 바보들'이다. 지능 면에선 바보가 아니지만, 어리석기 때문에 범죄를 저지른다는 점에서 보면 바보다. 좋은 가정에서 자란 착한 아이들이 자기 행동이 불러올 결과를 충분히 생각해보지 않고 그냥 어리석은 짓을 저지르는 것이다.

한 가지 사례가 또렷하게 기억난다. 한 청소년이 치료 권고를 받고 나와 상담을 하게 됐다. 그는 한 유치원에서 젊은 엄마와 그녀의 세 살 난 딸에게 자신의 알몸을 노출한 혐의로 체포되었다. 이 소년은 젊은 엄마가 하필 경찰관의 아내라는 사실을 미처 몰랐다. 경찰의 아내는 재빨리 신고를 했고 1분도 안 돼 경찰차가 몰려왔다. 그리고 친구들과 철없이 깔깔대며 걸어가던 소년은 체포되었다.

언뜻 이 소년에게 정신적인 문제가 있지 않을까 생각하겠지만, 그렇지 않다. 이 소년은 친구들과 함께 있다가 젊은 여성이 딸을 데려다주려고 유치원으로 걸어가는 모습을 보았다고 한다. 친구들이 "어서 가서 네 거시기를 보여주라."고 부추겼고, 몇 분 뒤 마초 소년은 재빨리 일을 해치우고 말았다.

그 뒤 1년여의 치료와 상담과 숱한 고초가 소년을 기다렸다. 내 진단은 처음부터 명백했다. 성기 노출을 비롯한 외설스러운 비행은 집단 행위가 아닌 아주 개인적인 행위다. 청소년이든 성인 남성이든 집단으로 성기 노출을 하는 경우는 없다. 이 소년은 성범죄자가 아니라 단지 바보였을 뿐이다. 전에는 이런 문제를 한 번도 일으킨 적이 없는 전형적인 십 대 청소년인 것이다.

소년과 부모를 만나 평소와 다름없는 상담 절차를 거쳤고 관련 정보가 모두 취합되었을 때, 나는 부모에게 이런 나의 생각을 들려주었다.

"아드님이 이른바 변태라고 생각하지 않습니다. 제 생각에 아드님은 그냥 바보입니다.”

　소년의 부모는 안도의 한숨을 쉬었다. 소년에게 자신이 바보라고 생각하느냐고 묻자, 잠시 생각을 하더니 내 말에 수긍했다. 그 뒤 소년에게 필요한 건 자신의 행동이 타인에게 어떤 상처를 줄 수 있는지 이해하는 것이었다. 동시에 부모는 아들에게 적절한 처벌이 무엇인지 결정해야 한다는 데 모두 동의했다. 소년은 나쁜 아이가 아니었다. 이상성격자도 아니었다. 그냥 바보였을 뿐이다.

　내 경험상 두 번째 유형은 비교적 적은 숫자지만 더 큰 관심이 필요한 부류다. 이들을 나는 ‘나쁜 자식들’이라고 부른다. 이 아이들에게 범죄란 아주 어려서부터 시작해, 별일이 없는 한 감옥에 가게 될 때까지 계속할 가능성이 매우 높은 일로, 장기적으로 지속되는 양상을 보인다. 이 아이들이 하나부터 열까지 속속들이 나쁜 자식들은 아닐 수 있지만, 한때의 착한 모습을 발견하려면 마음속 깊이 정말로 깊이 파고들어 가야 한다.

　애석하게도 나는 이런 부류의 소년들을 상당히 많이 만나보았다. 이들이 보여주는 모습은 꽤 충격적이다. 음산한 분노와 어두운 그늘이 아이들을 온통 뒤덮고 있다. 분노는 아이들의 오래 묵은 때처럼 보인다. 처음부터 온갖 종류의 문제를 일으킨 아이들에게 범죄 기록은 항상 꼬리표처럼 따라다닌다.

‘단순한 바보’와 ‘나쁜 자식들’이라는 표현보다 좀 더 그럴듯한 명칭을 붙인 사람들이 있다. 테리 모핏Terrie Moffitt 박사팀은 1,037명의 아이들을 35년 동안 추적 조사한 결과 청소년 범죄자에게 두 가지 부류가 있음을 발견하고, 각각 ‘청소년기 한정형 범죄자’와 ‘생애 지속형 범죄자’로 분류 명명했다. 이후 언급된 수치는 뉴질랜드 통계치에 해당한다.

☆ 청소년기 한정형 범죄자

청소년 범죄의 대다수가 이 유형에 속한다. 청소년기 한정형 범죄는 전체 범죄의 약 50퍼센트를 차지하고 청소년기 범죄자의 약 95퍼센트에 해당한다. 범죄를 저지르는 청소년들의 대다수가 이 집단에 속하며 청소년 범죄자의 95퍼센트는 자라면서 점점 범죄와 멀어진다는 뜻이다. 불행 중 반가운 소식이 아닐 수 없다.

한정형 범죄자가 되는 이유는 아주 다양하다. 청소년기의 충동 성향이 일차적인 문제가 된다. 혼자서는 현명한 아이라고 해도 친구들과 함께 있으면 판단이 흐려지기 쉽다. 한정형 범죄의 상당수가 친구들이나 여자아이들에게 주목받고 싶은 마음에 저지르는 ‘마초적인 바보 짓’에 해당한다.

청소년 문제에 또래 집단의 영향력은 매우 중요하다. 또래 집단에 범죄자 유형의 친구가 끼어 있으면 장래 희망이 소방대원인 친구와 함께할 때보다 문제를 일으킬 여지가 높아질 것이다.

앞서 말했지만 법을 위반하는 청소년의 95퍼센트가 이 부류에 속하고, 그 95퍼센트는 나이가 들면서 점점 줄어든다.

☆ 생애 지속형 범죄자

청소년기 생애 지속형 범죄자는 전체 범죄자 수의 5퍼센트 정도를 차지한다. 반사회적인 행동의 역사는 아동기로 거슬러 올라간다. 약간 장난스러운 개구쟁이 짓을 넘어 집단생활을 하지 못할 정도로 난폭한 행동이 여기에 속한다.

다섯 살부터 친구와 부모를 때리고, 열한 살에 가게에서 물건을 훔치고 무단결석을 하며, 열일곱 살에는 인터넷 사기를 꾸미거나 자동차를 훔치고, 스물세 살에는 강도와 강간을 저지르고, 서른한 살에는 사기와 아동 학대에 가담하는 식이다.

이들이 자라면서 저지르는 범죄의 양상이 바뀌듯 그들이 하는 행동의 특성도 점차 바뀐다. 물론 폭력의 기본 속성엔 변함이 없다. 놀라운 건 청소년기 범죄자 수의 5퍼센트밖에 안 되는 이 집단이 국내 전체 범죄의 50퍼센트를 저지른다는 사실이다.

이 소년들은 출신과 배경 면에서도 남다른 특징이 있다. 비행의 징후가 미취학 아동기부터 드러난다는 것은 그 원인이 출생

전이나 출생 직후에 있다는 사실을 암시한다. 산모의 알코올과 약물 복용, 어린 시절부터 결핍된 사랑과 보호, 영양부족, 아동 학대, 유전적 요소 등 다양한 원인을 의심해볼 수 있을 것이다. 현재 정확한 원인 분석을 위한 탐색이 진행 중이며 언젠가는 속 시원히 알 수 있을 것이다.

이들은 태생부터 다른 아이들과 많이 다르다. 그렇다고 유전 자가 환경보다 우세하다는 뜻은 아니다. 모핏 박사 팀은 이 소년 들이 신경심리학적 기능 장애를 타고났거나 출생 직후 기능 장 애를 떠안은 것처럼 보이지만, 자라서 모두 범죄자가 되는 건 아 니라고 주장했다. 오히려 이러한 아이들을 일찍 찾아내 아동기 부터 지속적으로 돕는다면 미래는 달라질 수 있다고 보았다. 나 역시 이 주장에 설득력이 있다고 생각한다. 그렇게만 할 수 있다 면 이 아이들이 향후 범죄자로 전락할 위험을 사전에 막을 수 있 기 때문이다.

최근 뉴질랜드 정부는 만 5세 이전의 모든 아동을 대상으로 생애 지속형 범죄자가 될 만한 위험성이 있는지 식별할 계획이 있음을 내비쳤다. 정부의 이런 발표는 즉각 '시민의 자유'를 옹 호하는 사람들의 지탄과 분노를 샀다. 무고한 어린아이들에게 범죄자 등급을 매기고 정부의 자료로 활용하려는 의도라는 것 이다. 이들은 겨우 세 살밖에 안 된 아이들을 범죄자로 낙인 찍는 음모에는 결코 동참하지 않겠노라고 선언했다. "모든 아이들을 차별 없이 바라보자!"라며 이들은 목소리를 높였다.

과연 무엇이 옳은 선택일까? 범법 행위로 감옥에 가거나 비참한 인생을 살 위험성을 어릴 때부터 미리 식별하여 그들에게 도움을 주는 게 좋을까? 아니면 아이들에게 엄연히 존재하는 위험 요소들을 모른 채 그대로 놔두는 게 좋을까? 판단은 독자 여러분의 몫이다.

다시 한 번 강조하지만 상당히 짓궂고 장난스러운 아이라고 해서 반드시 생애 지속형 범죄자가 되지는 않는다. 청소년기의 일시적인 범죄로 생각해도 될 일을 두고 '생애 지속형 범죄자'가 되는 건 아닐까 하고 지나치게 불안해할 필요는 없다. 선진국의 청소년 범죄자 중 단지 5퍼센트만이 생애 지속형 범죄자라는 사실을 기억하라. 문제아 100명 중 95명은 일시적인 범죄형이라는 뜻이다. 대부분의 아들은 가끔씩 어리석은 짓을 저지르기는 하지만 성장할수록 점점 나아져 언젠가는 어엿한 시민으로 잘 살아갈 것이다.

내 아들의 갑작스러운 못된 짓

내 아들이 문제아라면? 여기서 말하는 문제아란 청소년기 한정형 범죄자들, 다시 말해 바보들 이야기다. 착하기만 하던 내 아들이 어느 날 갑자기 못된 짓을 저질렀다고 한다. 도저히 믿을 수 없는 일이지만 엄연한 사실이다. 이때 부모의 심정은 어떨까? 너무나 놀라고 당황스럽겠지만 차분히 다음 원칙을 떠올려보자.

☆ 혼란에 빠지지 마라

엄마는 재빨리 혼란을 수습하고 냉정을 되찾아야 한다. 혼란에 휩싸여서 내뱉는 엄마의 말은 아들에게는 쓸데없는 소음일 뿐이다. 심호흡을 크게 하고 머리를 맑게 비워라. 어떤 식으로 반응할지 신중하게 생각하지 않고 끼어들다가 자칫 일을 그르칠 위험이 있다.

한 번만, 아니 두 번만 참자. 냉정하고 침착하게 무슨 일이 벌어졌는지부터 알아보자. 질문은 짧고 간결하게 하라. 대답이 돌아오지 않는다고 해서 맹렬히 공격하지도 마라. 스트레스에 시달릴 아들 역시 다른 곳으로 주의를 돌리고 싶어 할 것이다. 엄마한테 "별일도 아닌데 공연히 소란 떨지 마라."는 식으로 으름장을 놓을지 모른다. 공연한 싸움의 미끼를 물지 마라.

아무 말도 하지 말고 속으로 열까지 세라. 침착하게 주의력과 통제력을 잃지 않는 것이 중요하다. 속마음은 그렇지 못하더라도 그런 척하라. 그래도 안 된다면 잠깐 나가서 열을 식히고 다시 돌아오라.

지금은 감정에 굴복할 시간이 아니다. 감정은 다음 순서다. 처음부터 엄마가 감정에 휩싸인다면 사태만 악화될 뿐이다.

☆ 지나치게 화내지 마라

나는 지금 "화내지 마라."라고 하지 않았다. 화를 내되, 지나치게 내지는 말라는 것이다. 아들의 입장을 한번 생각해보라. 지금 아들은 자신에게 쏟아지는 눈총을 피해 달아날 방법을 찾고 있을 것이다. 가장 좋은 방법은 엄마와 말다툼을 벌이는 것이다. 물론 자신이 저지른 일을 진심으로 뉘우치며 속상해하고 있을 수도 있다. 그런 경우라면 화를 낼 필요가 없다.

대체 언제 맘껏 화를 낼 수 있단 말인가? 일단 문제를 해결하고 난 뒤에 화를 내라. 아이도 괜찮고 다른 이들도 다 괜찮다는 것이 확인되면 그때는 맘껏 화를 내도 괜찮다. 그리고 어느 시점이 되면 반드시 화를 내야 한다. 문제를 해결해 나가는 모든 과정에서 완전히 냉철한 모습만 보인다면 아들은 자신의 잘못을 대수롭지 않게 여길 수 있다. 주먹질을 했거나 기물을 파손했거나 물건을 훔쳤는데도 엄마가 태연해 보인다면 아들은 사태의 심각성을 깨닫지 못한다. 실망스럽고 도저히 인정받지 못할 잘못을 저질렀음을 아들은 깨닫고 뉘우쳐야 한다.

다만 지나치게 화를 내지는 말자. 아들의 행동에 엄마가 상심
했다는 사실은 알려주되 아들을 막다른 골목까지 몰아세우지
는 말자. 엄마 자신의 분을 풀기 위해 아들에게 고함을 지르고
멱살을 잡는 일은 하지 말자.

☆ 행동의 결과를 깨닫게 하라

엄마의 아들 사랑은 측량하기 힘들다. 자신의 행복보다 아들
의 행복이 언제나 우선이다. 천금 같은 아들에게 나쁜 일이 벌
어지면 엄마는 물불 가리지 않고 아들부터 구하려고 할 것이다.
하지만 그러지 마라.

부모가 앞장서서 아들의 문제를 덮어주었을 때 어떤 일이 벌
어지는지 나는 숱하게 목격했다. 결코 아름다운 광경이 아니었
다. 나 역시 내 아들이 문제를 일으킨다면 일단은 구제해주기
위해 무슨 짓이든 하고 싶을 것이다. 그러나 그렇게 하지 않을
거라고 나 자신을 믿고 싶다.

때로는 아들이 직접 자신의 행동에 심판을 받는 게 나을 수
있다. 훗날 더 큰 처벌을 받느니 지금 작은 처벌을 받는 게 낫다
는 말이다. 잘못을 저질렀다면 응당 대가를 치러야 한다. 자신
의 행동은 자신이 책임져야 한다는 사실을 깨달아야 한다.

어리석은 짓을 저지를 때마다 부모가 나서서 구해줄 거라고

가르치는 부모는 좋은 부모가 아니다. 언젠가 늙고 세상을 떠나게 되면 부모는 아들을 도와주고 싶어도 그럴 수 없다. 아들 스스로 자신을 보호하고 구덩이에서 빠져나오는 법을 가르쳐주는 게 훨씬 낫다.

통행금지, 사회봉사, 손해배상 등 아들 스스로 대가를 치르게 하라. 자신의 행동에 책임을 질 줄 아는 아들로 키우라는 말이다. 아들이 받아야 할 처벌을 대신 받는 부모들을 볼 때마다 안타까움을 금할 수 없다. 아들이 지은 죄의 대가는 아들이 달게 받아야 한다. 엄마가 아들의 죄를 대속하는 건 아들을 저버리는 것과 같다. 엄마가 할 일은 아들을 구해주는 게 아니라 행동과 결과의 인과관계를 똑똑히 보여주는 것이다.

☆ 조언을 구할 전문가는 영리하기보다는 현명해야 한다

전문가의 도움이나 조언이 필요한 시점이 오면 현명한 선택을 해야 한다. 심리학자나 상담가 등 전문가를 찾아내는 것은 엄마의 몫이다. 청소년선도위원회나 사회복지협회 등 주위를 둘러보면 도움의 손길은 얼마든지 있다.

전문가를 찾았다면 속이 후련해질 때까지 원하는 모든 질문을 던져라. 변호사를 선임해야 할 정도로 심각한 상황이라면 몇 가지 염두에 두어야 할 사항이 있다. 가장 중요한 것은 변호사들은 대개 승소만을 원한다는 사실이다.

청소년을 전문으로 변호하는 대단히 훌륭한 법률가를 몇 명 본 적이 있다. 그러나 이기는 것에만 관심이 있는 변호사를 선택한다면, 재판에선 이길지라도 더 큰 것을 잃을 수 있다. 아들의 처벌을 면제해주는 변호사가 실은 가장 나쁜 변호사다. 아들이 잘못을 저지른 것은 분명한 사실이기 때문이다. 턱없이 가벼운 처벌도 나쁠 때가 있다. 무거운 범죄에는 마땅히 무거운 처벌이 따라야 한다.

학교에서 일어나는 온갖 분쟁에 부모들이 변호사부터 찾는 모습을 보면 안타깝다. 부정과 부당함에는 결단코 맞서 싸워야 하지만, 모든 일에 변호사부터 개입시켜 해결하려는 태도는 적절치 않다. 아들을 위해서라도 변호사를 선임하기 전에는 신중에 신중을 거듭해야 한다는 사실을 잊지 말자.

☆ 존중의 본보기가 되라

경찰, 법원, 학교, 그 밖에 누구에 대해서도 아들 앞에서 중상과 비방을 하지 마라. 때로는 내 아들이 부당한 대우를 받았거나 억울한 일을 당했다는 느낌이 들 것이다. 그럴 땐 아들을 괴롭힌 당사자에게 분노할 것이고 그만큼 비난을 쏟아붓고 싶은 마음이 간절할 것이다. 하지만 절대로 그래서는 안 된다.

경찰이나 법원, 학교에 비난을 퍼붓고 욕설을 하는 부모는 아들에게 최악의 본보기가 된다. 어려서부터 공권력을 불신하는 마음을 심어주면 아들은 자칫 냉소주의에 빠질 수 있다. 물론 학교 선생님 가운데는 편협하고 불같은 성격의 소유자나 비열하기 짝이 없는 사람도 있을 수 있다. 대단히 훌륭한 경찰도 있지만 그렇지 못한 경찰도 있다. 그러나 아이들 앞에서 경찰이나 판사, 교사에 대해 비방하는 건 절대 금물이다.

☆ 어리석은 동정을 피하라

티베트 불교 승려 트룽파 린포체 Trungpa Rinpoche 는 '어리석은 동정'이란 말을 즐겨 사용했다. 동정심에서 우러난 나눔은 좋으나, 같은 실수를 반복하는 사람을 동정하는 것은 좋지 않다는 맥락에서 나온 말이다. 그건 동정이 아니라 '어리석은 동정'이라는 것이다. 부모로서 우리는 어리석은 동정심으로 아들을 대하기 쉽다. 아들이 진심으로 뉘우치며 변화를 갈망하려는 모습을 조금만 보여도 필사적으로 아들을 믿고 싶어 한다.

아들이 일을 그르치더라도 엄마는 아들 편임을 알려야 한다. 그렇다고 아들의 행동을 덮어주고 아들의 거짓말을 곧이곧대로 다 믿어주라는 말은 아니다. 놀랍게도 잘못을 저질렀을 때 아이들은 너무 쉽게 부모에게 거짓말을 한다. 더욱 놀라운 것은 아이들의 거짓말에 부모들은 또 너무 쉽게 속아 넘어간다는 사실이다.

"우리 아들이 하지 않았다고 하니 하지 않은 게 맞다."라고 주장하는 부모들을 숱하게 만나봤다. 맹목적인 신뢰는 때론 감동적으로 보이지만 실상은 부모의 순진한 바람일 뿐이다. 아들을 향한 동정심과 맹목적인 신뢰 사이에서 적절한 균형을 찾는 게 어렵기는 하다. 그러므로 엄마로선 사실 확인이 중요하다. 아들의 말에만 의존할 게 아니라 다른 관련자들에게서도 정보를 수집할 수 있어야 한다.

아들을 향한 동정심을 잃지 마라. 믿음을 커다란 양동이째 들이부어라. 그러나 어리석은 동정은 안 된다.

부모의 잘못된 판단이 아들을 수렁에 빠트린다

아들의 문제에 현명하게 대처하지 못한 부모들의 예를 보자. 실수는 뼈아픈 고통과 함께 처절한 교훈을 남긴다. 그러나 타인의 실수를 통해 배우는 교훈은 그나마 덜 고통스러울 것이다.

다음에 소개되는 사례들을 읽으며 혀를 끌끌 찰지 모르지만, 어쩌면 독자 여러분의 부끄러운 모습을 돌아보는 계기가 될 수도 있다. 우리의 생각과 행동은 항상 일치하는 게 아니기 때문이다.

☆ 15세 케인 : 주거침입과 손괴損壞

열다섯 살 케인은 친구 두 명과 함께 이웃집에 무단 침입한 죄로 체포되었다. 케인 일당은 이웃집을 완전히 쓰레기통으로 만든 것도 모자라 수천 달러 상당의 손해까지 입혔다. 부서진 가재도구들이 나뒹구는 거실과 낙서로 엉망진창인 벽, 소변 자국으로 얼룩진 침대를 발견한 집주인은 그만 정신을 잃고 쓰러지고 말았다.

케인은 자신은 죄가 없으며 친구들을 따라갔을 뿐이라고 변명했다. 두 친구의 강요에 마지못해 집 안에는 들어갔지만 자신은 아무 짓도 하지 않았고 친구들을 말리느라 욕까지 먹었다고 주장했다.

사실 케인은 이웃과 전부터 다소 마찰이 있었다. 케인이 종종 친구들을 불러 뒷마당에서 시끄러운 음악을 틀고 왁자지껄 떠드는 바람에 이웃의 항의를 받은 적이 한두 번이 아니었다.

– 부모의 대처

케인의 부모는 곧바로 변호사를 선임했다. 아들의 결백을 굳게 믿고 경찰과 이웃에게 아들의 유죄를 입증할 만한 명확한 증거를 제시하라고 요구했다. 케인의 부모는 경찰과도 적대적인 관계가 되었다. 그리고 나를 찾아왔을 때도 몹시 방어적인 태도를 보였다. 공범인 두 명의 친구가 있는데도 왜 아들만 당해야 하는지 이해할 수 없다고 말했다. 내가 아들만 당하고 있는 게 아니라고 정정해 주었지만, 케인의 부모는 여전히 아들 혼자 죄를 뒤집어쓰고 있다고 생각했다.

상당히 노련한 변호사 덕에 케인은 가벼운 처벌만 받고 금세 풀려났다. 아빠의 공장에서 20시간 사회봉사를 명령받은 게 처벌의 전부였다. 변호사 선임비에 이웃에게 물어준 손해배상금까지 부모가 쓴 돈이 상당했음에도 케인의 무례한 태도는 좀처럼 나아지지 않았다.

– 어떻게 했어야 했을까?

· 변호사를 해고하거나 최소한 그 입을 막아야 했다.

· 케인이 이웃에게 사과하도록 해야 했다.

· 손해배상과 사회봉사 명령이 완수될 때까지 외출 금지를 내려야 했다.

· 손해배상금은 아들 스스로 마련하도록 해야 했다.

· 잘못된 습관을 고치지 않는다면 가족의 일원으로 한집에서 살 수 없음을 알려야 했다.

· 케인이 이 모든 일을 완수해야만 부모의 신뢰를 되찾고 자유를 얻을 수 있음을 깨닫게 해야 했다.

☆ 12세 톰 : 교사에게 무례한 태도

세 아들 중 맏이인 톰은 무척 영리한 아이다. 부모의 말에 따르면 항상 원기가 넘쳐흐르고 독립심이 강하다. 하지만 거의 1년 가까이 한 교사와 자꾸만 부딪혀왔다.

어느 날 톰이 교실에서 컴퓨터를 쓰고 있었는데 그 교사가 그만하고 자기 자리로 돌아가라고 지시했다. 하지만 톰은 교사의 지시를 여러 차례 무시했다. 교사는 마지막 경고를 한 뒤에도 톰이 말을 듣지 않자 컴퓨터의 전원을 끄고 곧장 교감 선생님 방으로 가라고 명령했다. 그러자 톰은 "오, 맙소사, 당장 꺼져!"라며 반발했다.

- 부모의 대처

그날 오후 톰과 그의 부모는 교감 선생님 방에 모였다. 톰의 부모는 아들의 행동도 잘한 것은 없지만 교사의 무능력이 더 큰 문제라고 주장했다. 교사가 톰의 요구를 이해하지 못한 결과라는 것이다. 톰처럼 영리하고 원기 왕성한 아이는 쉽게 따분함을 느끼고 그만큼 행동이 커질 수밖에 없다는 것이다. 톰이 수업에 집중하지 못하고 컴퓨터를 한 것은 교사의 수업이 재미없었기 때문이므로 교사는 톰이 컴퓨터를 하도록 놔두었어야 했다고 주장했다. 한바탕 소란을 피운 뒤 부모는 톰의 특별한 요구를 충족시켜줄 수 있는 사립학교로 아들을 전학시켰다.

- 톰이 교사와 교감 선생님에게 사과해야 했다.
- 학교 측과 함께 톰에게 어떤 처벌을 내릴지 의논해야 했다.
- 톰에게 잘못을 설명하고 학교가 내리는 벌을 받도록 해야 했다. 같은 일이 또 벌어지면 그땐 더욱 심한 벌이 내려지리라고 설명해야 했다.
- 수업이 아무리 지루해도 선생님에게 "당장 꺼져!"라고 말한 것은 변명의 여지없이 잘못한 일임을 알려줘야 했다.
- 톰의 학교생활이 개선될 수 있도록 교사와 함께 최선의 해결 방법을 논의해야 했다.

☆ 17세 제이미 : 공격적이고 위협적인 행동

제이미는 두 살 때 아빠가 집을 떠나면서 홀어머니 밑에서 자랐다. 엄마는 1년 전만 해도 제이미가 착한 아들이었는데 나쁜 친구들과 어울리더니 갑자기 성격이 변했다고 생각한다. 언제부턴가 제이미는 엄마에게 함부로 굴기 시작했고, 마치 자신이 집안의 가장이라도 된 것처럼 안하무인격으로 행동했다. 공격적이고 무례할 뿐 아니라 엄마와 집을 하찮게 여겼다. 술에 취해 밤늦게 다닐 때가 많았고 가끔은 담배 냄새도 풍겼다. 엄마가 어딜 다녀왔느냐고 물으면 고래고래 소리를 지르며 화를 냈다.

최근 몇 달 사이에 언어폭력의 수위가 높아지더니 급기야 물리적인 폭력으로 번졌다. 엄마에게 물건을 집어던지고 엄마를 밀치거나 때려 부상을 입히기도 했다. 아들이 칼을 들고 엄마를 위협하자 참다못한 엄마는 결국 경찰을 불렀다. 자칫하면 큰 사고로 이어질 뻔했던 사건이었다.

– 부모의 대처

제이미는 엄마의 깊은 사랑을 폭력과 상처로 갚았다. 그런 아들 앞에서 엄마는 물러서지 않았다. 아들을 정식으로 고발한 다음 결국엔 사회 복지 시설로 보내는 데 서명했다.

제이미는 위탁 양육 시설로 가게 되었다. 그곳은 경험 많은 두 사회복지사가 운영했고 수십 년 동안 많은 청소년들이 거쳐 간 시설이었다. 제이미는 이 시설을 무척 싫어했다. 사회복지사들은 엄마와 달리 호락호락한 사람들이 아니었기 때문이다. 한 번은 도망을 쳤다가 경찰에게 붙들려 돌아온 적도 있었다.

그 사이 엄마는 가족 치료 프로그램에 참가하며 서서히 상처를 치유하고 있었다. 아들의 불량함과 무례함도 서서히 이해하기 시작했다. 모든 것이 원만하게 해결되고 있다고 생각하던 무렵, 제이미가 또다시 시설을 탈출해 집으로 돌아왔다. 제이미는 눈물을 흘리며 시설의 다른 아이들이 자기를 괴롭히고 운영자들도 나쁜 사람들이라고 호소했다. 다시는 폭력을 쓰지도 않을 것이며 착한 아들이 되겠다고 참회의 눈물을 흘렸다. 결국 엄마는 아들에게 굴복했고 제이미를 시설로 돌려보내지 않았다.

– 어떻게 했어야 했을까?
· 시설에 돌려보내야 했다.
· 시설에 꼭 돌려보내야 했다.
· 시설에 반드시 돌려보내야 했다.

☆ 15세 헤이든 : 절도

헤이든은 동네 마트에서 잡지 한 권을 훔치다 붙들렸다. 마트의 보안 요원에게 적발됐고 곧 경찰이 왔다. 헤이든에게 전과가 없고 비교적 가벼운 범죄였기에 경찰과 마트 측은 반성문을 쓰게 한 뒤 범죄 사실을 공고하는 선에서 사건을 마무리했다.

그런데 불과 한 달 뒤 헤이든은 다른 가게에서 CD를 훔치다 잡혔다. 또 두 달 뒤에는 다른 가게에서 건전지를 훔치다 붙들렸다.

- 부모의 대처

상습적으로 절도를 일삼는 헤이든에게 부모는 별로 한 일이
없다. 물건을 훔치다 잡히고 반성문을 쓰고 범죄 사실이 공지
되는 일이 반복됨에도 부모는 그 이유를 이해하지도 못했고 알
려고 하지도 않았다. 다만 ADHD 주의력결핍 과잉행동장애를 의심했을
뿐이었다. 부모들이 너무 바빴던 탓이다.

- 어떻게 했어야 했을까?

· 헤이든의 문제를 심각하게 생각해야 했다.
· 헤이든의 소지품을 모두 빼앗아 아들을 긴장시켜야 했다.
· 물건을 훔치지 않고 며칠을 버티면 그때 소지품을 조금씩
  돌려줘야 했다.
· 아들과 보내는 시간을 좀 더 늘려야 했다.
· 아들의 관심사를 알고 아들과 취미 생활을 함께해야 했다.

나쁜 짓을 하지 않는 아들은 없다

나쁜 짓을 전혀 하지 않는 아들이 있을 수 있을까? 앞서 본
바로는 사소하게나마 범죄를 전혀 저지르지 않은 아들은 거의
없다. 물론 어릴 때부터 스스로 깨달아 나쁜 일을 삼가는 아들
이 있긴 하겠지만 이는 무척 드문 일일 것이다. 게다가 이런 아

들에 대한 연구는 거의 없어 범죄 없는 아들로 키우는 비결을
말하기도 상당히 어렵다. 또 그런 아이들이 어떤 어른으로 성장
하는지도 제대로 밝혀진 바 없다.

추측건대 어려서 나쁜 짓을 전혀 하지 않던 아이들은 성숙한
청년기를 거쳐 사회적으로도 성숙한 역할을 맡을 것이다. 나처
럼 무모한 젊은이들 틈에서 체계를 세우고 방향을 잡아주는 조
언자의 일을 할 수도 있다.

하지만 어려서 반듯하기만 했던 아들이 문제 청년이나 문제
성인이 되는 경우도 나는 여럿 보았다. 아들은 인생의 어느 시
점에서 어떤 어리석은 짓을 저지를지 아무도 모른다.

05 문제 아빠 때문에 아들이 병들 수 있다

나쁜 아빠들도 있다

세상엔 훌륭한 엄마 아빠가 많지만 그렇지 않은 부모도 분명 존재한다. 이번 장에서는 훌륭하지 않은 아빠들, 형편없는 아빠들 이야기를 조심스럽게 꺼내고자 한다.

내게도 아버지가 있다. 아버지는 훌륭한 분이셨다. 나 역시 두 아들의 아빠가 되었고 아들로부터 훌륭한 아빠라는 평을 듣고 있다. 두 아들에게 해준 일은 그저 같이 보낸 시간이 많은 것뿐인데도 날 훌륭한 아빠라고 생각해주는 것이다.

다른 아빠들을 비난하고 싶은 생각은 없다. 대부분은 아빠 노릇을 잘하고 있다. 하지만 일부 무책임하고 형편없는 아빠들이 있는 것 또한 분명한 사실이다. 나는 그런 아빠들을 아주 많이 보았고 그들의 변명에 질린 적도 아주 많다. 부모라면 당연히 아이들 곁에 있어주려고 최선을 다해야 한다는 게 내 생각이다. 어떤 이유로든 자녀의 삶에서 손을 떼기로 했다면 무책임하고 형편없는 아빠가 맞다.

이 책의 독자들 가운데는 형편없는 아빠 때문에 고통받고 있는 아들을 안타까운 눈으로 바라만 보고 있는 엄마들도 있을 것이다. 엄마로서 그런 부자의 모습을 지켜본다는 게 얼마나 가슴 아픈 일인가? 아들이 아빠 때문에 상처받고 괴로워하는 모습을 묵묵히 참고만 있을 엄마는 거의 없을 것이다.

그동안 가정법원 양육권 재판의 심사를 보면서 자녀보다 자신을 더 중시하는 부모들을 무수히 목격했다. 그때마다 나는 심리학자들의 심사 규칙서 어딘가에 다음과 같은 조항이 있다면 얼마나 좋을까 생각했다.

1.2.4(d) 가정법원의 심사 대상 부모가 심리학자의 눈에 명백하게 이기적이고 유치해 보인다면, 더욱이 그 부모가 전 배우자에 대해 아직 풀지 못한 감정을 아이에게 투영시키며 전 배우자를 이기기 위해 아이를 탁구공처럼 이용하고 있는 게 분명해 보인다면, 심리학자는 이 부모에게 쩍 소리가 날

그러나 안타깝게도 이런 조항은 없다. 치밀어 오르는 화를 참기 위해 남몰래 노력한 적도 많다. 때로는 아이 아빠를 완전히 형편없는 인간이라고 단정하는 엄마 옆에 앉아 있었던 적도 있다. 그 아빠는 완벽한 사람은 아니었지만 아들과의 친밀한 관계를 원했고 진심으로 최선을 다하고 있었다. 이런 상황에서는 어른끼리의 적대적인 감정이 어떤 식으로든 아이에게 영향을 미치게 된다.

충분히 분별력 있고 현명한 해결책을 내놓을 수 있는 사람들이 가정법원에만 오면 한없이 쩨쩨해지는 모습을 자주 보았다. 사소한 이기심 때문에 재산과 인생을 허비하는 모습도 숱하게 보았다. 그런 부모를 둔 아이의 인생 또한 평생 갈등과 상처로 점철될 것이다.

부부 간의 갈등을 피할 수 없게 되었다고 해도 변호사를 선임하고 법원으로 직행하는 지경까지는 이르지 않기를 바란다. 그것은 이기는 자가 없는 소모적인 싸움에 불과하기 때문이다. 진술서나 직접 대면을 통해 끝없이 언쟁을 주고받고, 결코 적지

않은 비용을 지불하지만 이익을 얻는 이는 누구도 없는 싸움이
다. 그렇다면 어떻게 해야 할까?

배우자가 드잡이 수준으로 싸움을 걸어오더라도 공명정대한
게임을 하는 게 좋다. 정정당당한 게임의 규칙은 놀랄 만큼 단
순하다.

❖ 아이 앞에서 아빠를 험담하지 말 것.

❖ 아이 앞에서 이혼 과정을 노출하지 말 것.

❖ 안전 문제에 이상이 없는 한, 아이가 아빠와 지속적인 관계를 유지할
  수 있도록 보장할 것.

❖ 배우자의 정보를 얻기 위해 아이에게 스파이 역할을 맡기지 말 것.

❖ 아이에게 정보를 전달할 때는 중립을 지킬 것. 아이들 나이에 적당한
  방식으로 솔직하게 대할 것.

❖ 아이에게 지나치게 부담스러운 짐을 지우지 말 것.

❖ 전 배우자와의 모든 관계가 끝났어도 아이와 아빠의 감정적 관계는 결
  코 끝날 수 없음을 인정할 것.

가끔은 엄마가 이러한 원칙을 지키려고 노력해도 아빠가 비
협조적으로 나올 수 있다. 이럴 땐 엄마 혼자라도 끝까지 원칙
을 지켜야 한다. 언젠가 아들은 엄마가 견뎌온 일을 다 이해하
고 엄마에게 후한 점수를 줄 것이다. 엄마가 공정할수록 높은

점수를 받을 것이고 그만큼 아들과의 관계도 돈독해질 것이다.

아빠에 대해서도 아들은 언젠가 공정한 평가를 내릴 것이다. 곧 어른이 될 아들의 눈에 엄마와 아빠의 진심은 가감 없이 드러날 것이다.

형편없는 아빠 진단하기

내 경험상 형편없는 아빠들은 노골적으로 다음과 같은 징후를 보인다.

- 공공연하게 아들을 포기한다.
- 먼저 아들을 버렸으면서도 엄마가 못 만나게 하는 거라고 둘러댄다.
- 만나러 오겠다고 약속을 하지만 결국 나타나지 않는다.
- 왜 찾아오지 않는지에 관해 갖은 핑계와 변명을 늘어놓는다.
- 판사가 구체적인 지시를 내렸을 때도 아들을 만나러 오지 않는다. 그 때문에 합의서에 자신이 원하는 조항을 넣지 못한다.
- 합의서에 자신이 원하는 조항을 넣지 못하면 아들을 만나러 오지 않을 거라고 말한다.
- 판사가 아이들의 안전에 문제가 있다고 판단해 아빠와 자녀가 만날 때 감독이 필요하다고 지시하면 접촉을 거부한다.
- 접촉이 부족한 것을 아이 탓으로 돌린다. 아이가 먼저 적극적으로 노력하는 모습을 보여야 자신도 노력할 거라고 말한다. 가끔은 아이를

잘못 키웠다며 엄마를 비난한다.

❖ 자신이 아내를 심하게 비난하고 아이와의 접촉을 꺼리는 이유도 아내 때문이라고 주장한다.

❖ 어느 시점에 가면 각자 새로운 가족을 만들어 새 길을 떠나는 게 최선이라고 주장한다.

아들을 완전히 버려야만 형편없는 아빠가 되는 것은 아니다. 교묘하게 포기하는 방식으로 아이를 버리는 아빠들도 많다. 아들과의 만남은 지속해도 관심을 주지 않는 아빠들이 여기에 속한다. 같은 공간에 있을 뿐 더는 교류가 없는 것이다.

아빠의 빈자리, 엄마가 채운다

부모의 이혼이나 별거로 아빠로부터 버림받고 상처받은 아들을 엄마는 어떻게 대해야 할까? 이런 상황에 빠져 괴로워하는 수많은 아들을 지켜본 경험에 근거하여 몇 가지 도움이 될 만한 제안을 하고자 한다.

☆ 좋은 엄마 하나면 충분하다

엄마 한 사람이 형편없는 아빠의 빈자리를 훌륭하게 메우는 사례를 여러 차례 목격했다. 아들에게 가장 필요한 것은 좋은 어버이다. 엄마 혼자서도 훌륭한 어버이 노릇을 할 수 있다. 아빠의 부재가 아이에게 상처가 될 수도 있지만 좋은 엄마가 곁에 있다는 사실은 그 상처를 덮기에 충분하다.

☆ 아들의 감정을 두려워하지 마라

엄마는 아들이 침묵하거나 화를 내거나 울면 대개 부정적으로 생각하는 경향이 있다. 물론 상처받고 힘들어하는 아이를 보면 부모 마음은 찢어질 듯 아픈 게 사실이다. 엄마는 아들이 힘들어하고 슬퍼하는 모습을 보면 더럭 겁부터 난다. 아들이 엄마의 곁을 떠날지도 모른다고 생각하기 때문이다.

아들은 뜻대로 안 되는 아빠와의 관계 때문에 화가 나고 속상할 수 있다. 분노와 슬픔의 표현은 지극히 당연하고 정상적인 반응이다. 아들의 심정을 이해하고 보듬어주는 것으로 엄마의 역할은 충분하다.

☆ 아들의 아픔에 동참하라

아빠와 헤어지게 된 아들은 얼마나 힘이 들겠는가? 굳이 괜찮은 척할 필요는 없다. 아빠가 미우면서도 아빠를 비난하고 싶지 않은 게 아들의 마음이다. 아들 앞에서 아빠를 비방하지 마라. 언젠가 아빠가 아들에게 돌아올 수도 있고 어쩌면 아들이 먼저 아빠를 원할 수도 있다. 그러므로 지금 당장은 아들에게 상처를 준 아빠를 험담하고 싶겠지만 마음속으로만 하라. 그저 아빠가 곁에 없는 게 힘든 일임을 이해해주고 알아주는 것으로 충분하다.

☆ 아들을 버린 아빠가 가장 불쌍하다

아들을 버리고 떠난 아빠는 가장 소중한 것을 놓쳐버렸다. 엄마는 아들에게 이런 사실을 설명해줘라. 아픈 아들에게 위로가 될 것이다. 예를 들면 이런 것이다.

"아빠랑 같이 있지 못하는 게 정말로 힘든 일이라는 거 알아. 아빠가 없어서 많은 즐거운 일들을 잃게 됐다고 생각하겠지. 하지만 진짜로 가장 많은 것을 잃은 사람이 누군지 아니? 그건 아빠야. 아빠는 네가 자라는 모습을 지켜보지 못하잖아.

네가 다섯 살 생일 때 처음으로 유치원 친구들을 초대했던 거 생각나니? 아빠는 그때를 무척 그리워할 거야. 처음으로 네 이가 빠졌던 날이랑 축구 대회에서 우승했던 날, 처음 학교에서 캠프를 간 날, 스케이트보드를 타다가 처음으로 공중돌기에 성공했던 날 모두 아빠는 그립기만 할 거야. 잘 자라고 인사하던 순간, 아침에 잘 잤느냐고 인사하던 순간도 몹시 그리워지겠지. 언젠가는 아빠도 네가 어떻게 지냈는지 무척 궁금해질 거야. 하지만 그땐 이미 늦은 뒤겠지.

네가 얼마나 대단한 아이인 줄 아니? 네가 자라는 모습을 지켜보는 게 기적이고 보물 같은 일인데, 아빠는 그런 것들을 다 놓쳐버린 거야. 그러니 엄마는 아빠가 너무 가엾구나."

☆ 뭔가를 실컷 때리게 해줘라

아들은 가끔씩 뭔가를 주먹으로 치고 싶을 때가 있다. 아들에게 대형 쇠망치를 선물하고 낡은 자동차를 마구 때려 부수게 했다는 엄마 이야기를 들은 적이 있다. 엄청나게 시끄럽고 집도 지저분해질 수 있지만 잠깐씩 밖에 나가 자동차를 실컷 때리고 오면 아들의 기분은 한결 나아졌다고 한다.

☆ 무엇을 배웠는지 물어본다

'그 무엇도 우릴 무너뜨릴 순 없다. 더욱 강하게 만들 뿐.'이라는 뉴질랜드 격언이 있다. 아무리 나쁜 일이라도 그 속에는 뭔가 배울 게 있다는 뜻이다. 인간은 어떤 일을 겪고 나면 거기서 의미를 찾는 경향이 있다.

아들 또한 아빠와의 일에서 무엇을 배웠는지 생각해보는 시간을 갖는 게 좋다. 만약 모든 게 자기 탓이라고 여긴다면 엄마는 그렇지 않다고 대답해주고 뭔가 발전적인 것을 깨달았다면 감탄을 아끼지 마라. 그러니 일단 아들의 의견을 물어보자. 물어보지 않고는 알 수가 없다.

☆ 아빠와의 일이 모든 문제의 변명거리가 될 순 없다

책임감에 관한 이야기다. 아빠가 형편없다고 해서 다른 사람, 특히 엄마에게 함부로 대해도 된다는 뜻은 절대 아니다. 아들 입장에서 속상할 수도 화가 날 수도 있지만, 괜히 엄마를 탓하는 것은 잘못된 행동이다. 아빠가 떠난 것은 아빠의 결정일 뿐 엄마의 잘못은 아니다. 괜한 죄책감으로 화가 난 아들의 샌드백이 되어서는 안 된다.

☆ 시간을 믿어라

시간이 흐르면 모든 문제는 저절로 해결되기 마련이다. 일단 인내심을 갖고 아들에게 여유를 주자. 엄마가 최선의 노력을 다하고 있다면 아들도 결국엔 엄마를 이해할 것이다. 회의와 두려움이 가득한 순간도 있겠지만 희망을 잃지 말고 꿋꿋하고 단단하게 버텨라. 참을성과 믿음을 갖고 기다리면 어느 순간 문제는 저절로 해결돼 있다.

아들에게 남성 역할모델이 없다는 걱정

최근 이혼한 켈리는 일곱 살짜리 브로디라는 아들을 혼자 키우고 있다. 브로디의 아빠 스티브는 느닷없이 이런 말을 하고 집을 떠났다. "가족 안에서 사는 게 너무도 숨이 막힌다." 그날 밤 집을 떠난 스티브는 두어 번 찾아오고 전화도 한 번 했지만, 결국 아들을 버린 것과 다름없었다. 스티브에게 브로디는 마치 어려운 숙제 같은 존재였던 것이다.

나는 스티브를 '형편없는 자식'이라고 생각했다. 그리고 켈리에게 물었다.

"그래서 어떻게 지내십니까?"

켈리는 어깨를 으쓱하며 대답했다.

"좋아졌어요. 처음에는 정말 힘들었죠. 남편이 그렇게 갑작스레 떠날 거라고는 한 번도 생각하지 못했거든요. 언젠가는 돌아올 거라고 계속 기다렸어요. 하지만 시간이 흐를수록 그건 헛된 기대라는 생각이 들었죠. 그 무렵 스티브가 벌써 다른 여자를 만난다는 소문이 있었고 이제 정말로 끝을 맺을 때라는 걸 깨달았답니다."

"그래서 어떻게 했습니까?"

"브로디를 학교에 데려다준 다음 스티브가 미처 챙겨가지 못한 물건을 모두 밖에 내놓고 나서 가져가라고 했어요."

그녀는 수줍은 듯 웃었다.

"정말 빨리 오더군요. 그날 마침 장대비가 쏟아지고 있었거든요."

"아주 잘하셨습니다."

진심이었다. 나는 자기 자식을 버린 사람을 동정하지 않는다.

"네. 스티브가 막 화를 내더군요. 그 뒤로 전화 한 통 없어요."

"이런 속담 아시죠? '살다 보면 조금은 비를 맞기 마련이다.'라고."

그녀가 웃음을 터뜨렸다.

"그런데 오늘 저를 찾아오신 이유는요?"

켈리는 눈 깜짝할 사이에 표정이 어두워졌다.

"브로디가 정말 걱정이 돼요."

"왜죠?"

"아들에게 본보기가 될 만한 남성상이 없잖아요. 저는 남자 친구나 남자 형제가 없거든요. 브로디의 선생님들도 모두 여자예요."

그렇다. 결국 남성 역할모델 이야기였다. 싱글맘들이 늘 걱정하는 주제 중 하나다. 아들이 아빠 없이 자란다면 어떤 일이 벌어질까?

아들 곁에 부모 모두가 함께 있다면 가장 좋겠지만, 무턱대고 아빠를 앉혀두는 것도 능사는 아니다. 정말로 중요한 것은 좋은 아빠와 함께 사는 것이다. 형편없는 아빠와 산다면 되레 나쁜 영향만 받을 수 있다. 폭력과 부부 갈등에 노출된 아이들이 부정적인 인생관을 형성할 수 있다는 건 일찍부터 확인된 사실이다. 남편과의 갈등에서 아이를 떼어놓는 일이야말로 좋은 엄마가 해야 할 일이다.

비슷한 이야기로 아빠의 부재라는 단순한 사실은 아들의 향후 행동에 아무런 영향을 미치지 못한다. 가정 내 남자 구성원의 유무보다 아들의 행동에 더 큰 영향을 미치는 게 있다. 바로 아이의 '탄력회복성'이다. 탄력회복성이란 스트레스가 극심한 사건을 스스로 해결하는 능력을 말한다.

탄력회복성을 기르는 데 가장 중요한 요소 중 하나가 아동기에 마음의 의지가 되는 사람이다. 그 사람이 누구냐, 몇 명이냐는 그다지 중요하지 않다. 누구든 한 명만 있어도 충분하다. 특히 엄마가 그 역할을 맡아준다면 아들은 어떤 문제가 닥쳐와도 아빠와 사는 다른 아이들만큼 잘 해결해나갈 것이다.

좋은 역할모델만으로 충분하다

'좋은 남성 역할모델'을 굳이 좋지 않다고 말할 사람은 없을 것이다. 엄마들은 대부분 아들이 보고 배울 만한 남성과 함께

하기를 바란다. 그러나 아들 곁에 좋은 남성이 없다면 어떻게 할까? 이혼과 별거가 점차 흔해지면서 가정 안에서 남성 역할모델이 없는 아들이 늘어만 가고 있다.

만약 아들에게 '남자다움'을 가르쳐줄 남자가 없다면 아들은 '남자다움'을 배울 길이 없을까? 남자다워지기 위해 반드시 남성 역할모델과 정기적으로 만나야 하는 건 아니다. 연구 결과 양쪽 부모와 사는 아들이나 홀엄마와 사는 아들이나 남성성에는 큰 차이가 없는 것으로 드러났다. 아들은 어디에서나 남자다움을 배울 수 있다. 살아가는 동안 자연스럽게 바람직한 남성상을 배워나가는 것이다.

남성 역할모델이 없이도 씩씩하게 잘 자라는 아들은 많다. 엄마가 아들과 함께 시간을 보낼 좋은 남성을 찾을 수 있다면 더할 나위 없겠지만, 그러지 못한다고 해도 크게 걱정할 필요는 없다. 중요한 것은 아들의 인생에 엄마가 있다는 사실이다. 한 사람의 좋은 엄마는 백 사람의 형편없는 아빠보다 낫다.

세계대전이 끝나고 서양에는 아버지 없이 자라는 아이들이 많던 시절이 있었다. 아빠 없이 자란 아들들은 무척 힘든 시간을 보냈지만, 어쨌든 어른이 됐다. 그리고 세상은 계속 돌아간다. 삶은 복잡한 다면체이기에 아들에게 남성 역할모델이 있느냐 없느냐의 문제에 너무 매달리면 당신만 지칠 뿐이다.

아들에게 필요한 것은 '좋은 역할모델'이다. 성별은 생각만큼 중요하지 않다. 아이들은 가까운 친척 중에서 자신의 역할모델을 찾는 경향이 있다. 아니면 스포츠맨이나 배우 가운데서 역할모델을 찾기도 한다. 청소년이 되면 확실히 다른 남성들에게 눈을 더 많이 돌린다. 하지만 그 남성들과 한집에서 같이 살아야 한다거나 그들과 일상을 공유해야 한다는 뜻은 아니다. 단지 남자 스포츠맨이나 배우를 보는 것만으로도 남자다움을 배울 수 있다는 말이다.

아들은 일상 속에서도 훌륭한 역할모델을 만날 수 있다. 태어난 날부터 자신에 대해 속속들이 알고 있었던 사람, 자신의 성공과 실패에 관한 모든 것을 알고 있는 사람, 그런데 우연히 같은 집에 살고 있는 사람. 바로 엄마인 당신이 아들의 훌륭한 역할모델이 될 수 있다.

엄마에게 남자 친구가 생겼다면

수많은 싱글맘이 맞닥뜨리는 어려움이 있다면 바로 아들에게 새 남자 친구를 소개하는 일일 것이다. 아들에게 새로 생긴 '특별한 친구'를 소개할 때 도움이 될 만한 조언을 몇 가지 제시하고자 한다.

❖ 스트레스를 감당할 수 있을 정도로 충분히 진지한 관계가 될 때까지 기다려라. 데이트하는 상대마다 일일이 소개해봐야 득이 될 건 아무것도 없다. 오히려 엄마의 남자가 자꾸 바뀌는 걸 목격한 아이는 더 큰 스트레스를 받을 수 있다.

❖ 남자 친구의 존재를 천천히 조금씩 알려주는 게 상책이다. 아들에게도 적응할 시간이 필요하다.

❖ 남자 친구의 역할을 분명히 하라. 남자 친구가 곧 새아빠는 아니다. 남자 친구 역시 아들의 부모는 당신뿐임을 인정하고 남자 친구가 어설프게 권리 행사를 하지 못하도록 해야 한다.

❖ 아들의 반응에 미리 대비하라. 엄마에게 남자 친구가 생겼다는 사실은 아들에게 힘든 일일 수 있다. 아빠를 대신할 사람이라고 느낀다면 더욱 어려워할 것이다. 이에 대한 대비가 필요하다.

❖ 참을성을 가지되 샌드백이 되지는 마라. 아들이 화를 내거나 속상해할 수 있다. 그러나 엄마에게 엄마의 삶이 있음을 인정하게 만들어라. 어느 정도는 아들의 화를 받아들이되 무례한 행동을 참으면 안 된다.

엄마에게도 엄마의 삶이 있다. 언젠가는 아들도 자라 어른이 될 것이고 엄마 혼자 쓸쓸히 집을 지키게 될 날이 올 것이다. 대부분의 아들은 엄마의 삶에 새로운 남자가 끼어드는 걸 좋아하지 않는다. 하지만 그렇다고 이성 교제를 기피하거나 아들에게 숨길 필요까진 없다.

06 아들의 학교생활에 대하여

변화무쌍한 학교에 적응하기

'하이퍼 커넥티드 hyper-connected'로 설명되는 인터넷 시대에 교육의 역할이 더욱 중요해진 것은 의심의 여지가 없다. 지난 150년 동안 어마어마한 기술의 변화를 목격한 우리 두뇌는 이제 어지간한 일에는 흥미를 느끼지 못하는 상태가 됐다. 이 모든 경이로운 변화에 일일이 반응하다가는 뇌가 터져버릴 게 분명하므로, 우리 두뇌는 '무관심'이라는 방어 기제를 개발해왔다는 게 나만의 가설이다.

다음의 변화상을 살펴보면서 당신 스스로 어떤 반응을 보이는지 확인해보기 바란다.

❖ GPS의 개발로 사람보다 자동차가 현재 위치를 더 잘 알게 되었다.

❖ 2008년 미국 대통령에 당선된 버락 오바마가 승리 기념 연설을 하기로 한 시카고의 한 공원에서 밴드 블랙아이드피스의 한 멤버가 홀로그램으로 실시간 공연을 했다.

❖ 누구든 구글 스트리트뷰로 우리 동네를 실시간 검색할 수 있다. 내 사무실은 뉴질랜드 더니든의 본드스트리트 7번지다. 2층 비상계단 옆이 내 집이다.

❖ 집에 앉아서도 우리 동네를 산책할 수 있다. 동네 자체는 별로지만 가상의 산책은 몇 년 전만 해도 상상할 수 없었던 꽤나 경이로운 일이다.

❖ 인간이 만든 기계가 달에 착륙했다. 화성에서 암석을 채취했다. 심지어 지금 이 순간에도 어떤 기계는 우리 태양계의 가장자리에서 더 먼 우주 속으로 나아가고 있다.

❖ 금속 통조림을 자를 수 있는 스테이크용 칼이 있다. 더욱 놀라운 것은 한 세트를 사면 또 한 세트를 공짜로 끼워준다는 사실이다.

이 모든 일이 정말이지 놀라울 따름이고 더욱 놀라운 일이 연달아 일어나고 있다. 이 책을 쓰고 있는 지금 세계는 경제 위기에 처해 있고 아들들의 삶도 이에 영향을 받아 변하고 있다. 삶은 끊임없이 바뀌어가며 우리는 이를 따라잡고자 안간힘을 쓰는 중이다.

그렇다면 아들을 위해 우리는 무엇을 할 수 있을까? 지금껏 우리는 남녀가 학교생활에서 차이를 보인다고 생각해왔다. 어느 정도까지 사실인지, 또 남녀 차이를 알아보기 위해 읽기, 쓰기, 수학 등의 시험은 어떻게 실시하는 게 좋은지, 그 결과는 통계적으로 어떻게 분석해야 할지에 관해 논쟁이 벌어지고 있다. 누구는 아들의 위기로 해석하고 있고, 또 누구는 아들보다 딸이 조금 더 빨리 발달하고 있을 뿐이라고 주장한다.

독자 여러분이라면 지금쯤 눈치챘겠지만 나는 확실히 두 번째 진영 쪽에 있다. 나는 '아들들의 위기'가 찾아왔다는 생각에 동의하지 않으며 '일부' 아들들의 교육에만 위기가 찾아왔다고 생각한다. 일부 아들들이 학교생활에 어려움을 겪고 있다는 건 인정하지만 이를 모든 아들들의 위기인 양 일반화하는 것은 얼토당토않다고 본다.

그렇다면 현 교육제도하에서 우리 아들들이 잘해나갈 수 있게끔 도와주려면 어떻게 해야 할까? 이번 장에서는 아들의 학교생활을 돕기 위한 방책을 각 단계별로 알아보고자 한다. 이는 명령도 지시도 아니며 하나의 출발점임을 염두에 두길 바란다.

고질라가 지배하는 미취학 아동기

미취학 아동기의 아들은 공룡이나 고질라가 지배하는 판타지 세계에서 살고 있다고 생각하는 게 좋다. 흉폭한 괴물이 아무런 이유도 없이 도시를 깨부수고 사람을 죽이는 게 어린 아들에게는 일상적인 일이다. 엄마는 어린 아들의 이런 성향을 항시 염두에 두어야 한다.

- ❖ 따뜻하고 일관성 있는 보살핌이 가장 중요한 시기다. 인간이기에 항시 100퍼센트 일관성을 유지할 순 없겠지만, 노력을 멈춰서는 안 된다.

- ❖ 어린 아들에게 '일상'과 '경계선'은 중요하다. 혼란스러운 환경에서 사는 아이보다 일상과 경계선이 있는 곳에서 사는 아이가 훨씬 행복하다. 아이의 일상을 매 순간 독재자처럼 통제하라는 말이 아니다. 약간의 체계가 필요하다는 뜻이다.

- ❖ 공부를 할 땐 재미가 가장 중요하다. 세 살까지는 자기 이름 쓰는 법이나 손짓 발짓 언어 같은 건 몰라도 된다. 이 시기 배워야 하는 것은 그리고 엄마가 강조해야 하는 것은 배움은 재미있다는 사실이다.

- ❖ 사소하고 세세한 일까지 모두 다 학습의 일환으로 삼으려는 집요하고 지루한 엄마가 되지 마라. 엄마의 그런 태도는 아들의 삶에서 재미를 몽땅 앗아간다. 그런다고 아들이 똑똑해지는 것도 아니다. 오히려 엄마가 지긋지긋한 사람이라고 생각하게 될 뿐이다.

- ❖ 어린이집이나 유치원을 선택할 땐 체계적인 학습 환경이 갖춰진 곳인지를 기준으로 삼지 마라. 선행 학습을 시켜주는지 수학 영재반에 들어가게 해줄지를 기준으로 골라서도 안 된다. 운영진이 훌륭한가, 시설과 환경이 좋은가, 아이들이 행복해 보이는가, 우리 아이가 여기에

서 재미있게 지낼 수 있을까 등을 기준으로 삼아라. 어린 아들이 해야 할 일은 그냥 어린아이로 사는 것이다.

❖ 이 시기 아이들은 다른 아이들과 어울려 노는 법과 감정이입하는 법을 배울 필요가 있다. 감정이입은 인간의 아주 기본적인 소양이다. 자기 마음에 들지 않는다고 상대방을 화나게 하거나 상처를 주어서는 안 된다는 것, 상대방에게 잘해주면 상대방도 나에게 잘해줄 거라는 것, 친구를 보살펴야 한다는 것 등을 아이는 배워야 한다.

❖ 사는 게 재미있어야 한다. 아들이 그저 재미있게 지낼 수 있게 해줘라.

입학과 함께 아들에겐 새로운 세상이 열린다

입학 첫날은 아들뿐만 아니라 엄마에게도 중요한 날이다. 또 동시에 엄마의 마음이 힘든 날이기도 하다. 입학 첫날, 엄마는 보통 감격의 눈물을 흘린다. 어린 아기가 어느새 이렇게 자라 학교에 입학하다니, 언젠가는 다 커서 집을 떠나겠지 등 만감이 교차한다.

입학과 더불어 아들은 부모가 모르는 비밀을 하나씩 만들어 가기 시작한다. 이때부터 엄마는 아들의 삶에서 손님이 되어가고, 아들 또한 엄마의 감시에서 벗어나 자신만의 세계에 뛰어들게 된다.

보통 아빠는 엄마보단 이 문제에 달관한 태도를 보인다. 큰아들의 입학 첫날 나 역시 상당히 흥분되고 불안했지만, 내 아들 앞에 장대한 모험이 기다리고 있음을 알기에 가슴이 뛰기도 했다. 하지만 아내는 울었다. 아내의 반응을 폄하하려는 게 아니다. 아내도 아들이 인생의 첫발을 내딛는 순간을 진심으로 기뻐했다. 그러나 일반적으로 엄마들은 아들의 입학 첫날 아빠들보다 '분리의 고통'을 더 느끼는 것 같다.

"오늘부터 적어도 세 시까지는 집 안이 조용하겠군."

아들을 학교에 데려다준 뒤 집으로 향하면서 내가 말했다.

아내가 처음 느낀 이별의 고통은 점점 희미해졌고, 며칠 뒤에는 나와 생각이 같아졌으며, 지금껏 그 생각엔 변함이 없다.

나에겐 입학 첫날에 일어나는 온갖 소동이 다소 우습기도 하다. 입학식을 치르는 아이들의 연령이 점점 낮아지고 있고 적응 기간은 점점 길어지고 있다. 요즘 엄마들은 입학 전부터 학교를 자주 찾아가고 입학 뒤에도 때로는 며칠씩 학교에서 시간을 보내기도 한다.

엄마들의 염려는 이해한다. 그러나 염려가 지나치면 때론 독이 된다. 보통 학부모가 교실 안에 오래 머물러 있을수록 아이들의 주의는 산만해지기 쉽다. 그냥 아이를 학교에 보내는 것으로 충분하다. 부모가 문제를 크게 만들수록 실제로 문제는 더 커지기 마련이다. 경험상 입학에 대해 불안감을 느끼는 아이는 부모의 불안감이 전이되어 그런 경우가 많다. 부모가 곁에 머물러 있을수록 아이는 뭔가 문제가 있으니까 그러는 거라고 여기고, 그만큼 아이의 불안감은 커진다. 아들의 입학에 관한 일반적인 조언은 다음과 같다.

- 미리 학교 이야기를 나누되, 대단한 일인 것처럼 분위기를 몰아가기보다는 "이제 커서 학교에 갈 수 있게 되었으니 정말 좋지?" 정도로 편안하게 이야기하는 것이 좋다.
- 아이가 입학할 학교가 어디인지 안다면 자동차를 타고 지나가거나 걸어서 지나갈 때 가끔씩 가리키며 알려준다.
- 주말에 자전거를 타고 학교에 가보거나 주변에서 공놀이를 하는 것도 좋다. 다만 엄청난 일인 양 굴어서는 안 된다. 아이가 학교라는 환경을 편안하게 느낄 수 있도록 도와줘야 한다.
- 취학하기 한 해 전쯤 되면 학교 이야기를 좀 더 늘려도 좋다. "얼른 커서 학교에 가면 정말 신 나겠지?" 정도가 적당하다.
- 조금 있으면 책가방과 도시락 등을 새로 사게 될 거라고 알려주자. 일종의 통과의례다. 원시시대였다면 동굴 밖으로 나가 난생처음으로 매머드를 사냥했겠지만 지금은 매머드가 없으니 책가방과 도시락으로 대신하자.
- 학교를 찾아가는 것도 좋지만 시도 때도 없이 갈 필요는 없다. 한두 번 정도가 적당하다. 다시 말하지만 "기분이 어때?" 정도의 차분한 기대

감을 형성해야 한다. 아들은 엄마를 보고 자신의 감정을 이해한다. 엄마가 지나치게 들떠있으면 아들 역시 과도한 불안과 흥분을 느낄 수 있다.

❖ 입학 전날 저녁, 새 물건을 꺼내 다음 날을 위한 예행연습을 해보자. 엄마가 교실까지 데려다 줄 거고, 아들이 첫날을 즐겁게 보내는지 보려고 잠깐 교실에 있기는 하겠지만, 혼자서도 의젓하게 잘해내고 싶어 할 테니까 오래 있진 않을 거라고 말해주자.

❖ 입학 당일에는 매사에 차분하게 임하라. 아이가 원한다면 사진이나 비디오를 촬영해도 좋지만 원하지 않는다면 몰래 찍어라. 언젠가는 아들도 보고 싶어 할 것이다.

❖ 학교 안으로 들어갈 땐 활기차게 걸어라. 아들의 새 출발을 도와주되 곧 선생님에게 인도하라. 잠깐 곁에 있다가 아들이 분위기에 젖어들기 시작하면 손을 흔들어주고 조용히 떠나라.

❖ 교실을 빠져나갈 때까지 결코 눈물을 보이지 마라.

우리는 아들이 자신감 있고 당당하기를 바란다. 그런데 아들의 입학을 부모가 먼저 대단히 거창한 일로 생각한다면, 또 아들의 손을 쉽게 놓지 못하고 몇 시간이고 눈물을 훔친다면, 과연 아들이 자신감을 얻을 수 있을까? 아들 스스로 큰일을 제대로 해낼 거라고, 어떤 일이든 거뜬하게 해낼 수 있다고 엄마와 아빠가 믿고 있다는 사실을 아들에게 알려라.

물론 난생처음 학교에 가는 일은 누구에게나 쉽지 않은 일이다. 자립을 향해 가는 길 위에서 때로는 눈물이 쏟아지기도 한다. 어린 아들이 학교 적응에 어려움을 겪는다면 교사와 협력할 필요가 있다. 그러나 아들이 동요한다고 엄마가 계속 옆에 머무는 건 곤란하다. 아들이 선생님의 팔에 매달려 그 조그만 심장을 쥐어짜며 울어대더라도 엄마는 교실을 떠나야 한다. 아들은 곧 잠잠해질 것이며 대부분의 1학년 교사들은 이런 일에 익숙하다. 엄마가 곁에 있으면 오히려 아들의 불안감, 좌절감, 떼쓰기를 인정해주는 셈이 된다. 그냥 과감하게 떠나라.

나의 큰아들도 입학 후 처음 며칠간은 그랬다. 나는 울먹이는 아들 곁을 떠나야 했다. 아들이 날 원망할 거라고 생각도 했지만, 평소 다른 부모들에게 "이럴 때는 과감하게 자리를 떠야 한다."고 조언해온 나였다. 그래서 떠났다. 아들은 스스로 문제를 해결했으며 지금은 학교를 무척 좋아한다.

어린 가슴은 쉽게 깨지기도 하지만 믿기 힘들 정도로 쉽게 아문다.

분별력을 배워야 하는 초등학교 시기(만 5~10세)

초등학생 아들을 둔 엄마에게는 해야 할 일보다 해서는 안 되는 일이 더 많다. 이 시기 아들의 학업성적은 그다지 중요하지 않다. 중요한 것은 아들이 옳고 그름을 분별할 줄 아는 능력을 배우는 것이다. 그런 견지에서 이 시기 아들에게 해서는 안되는 것들에 대해 이야기해보자.

- 공부에 대해 지나치게 강조하지 마라

공부에 대해 지나치게 걱정하거나 공부를 가장 중요하게 생각하지 마라. 대다수 사람들에게 학습이란 큰 압박만 없으면 저절로 진행되는 일이다. 문제는 일부 엄마들이 공부를 너무 강조하는 바람에 학습을 끔찍하게 지루한 것으로 만든다는 점이다. 읽기나 수학 점수가 최상위권인가는 중요하지 않다. 정말 중요한 것은 학습이라는 행위가 이 세상에서 가장 훌륭하고 대단한 일 중 하나라는 것을 이해하도록 돕는 것이다.

- 학교생활은 상황을 봐가며 묻는다

학교생활에 대해 심문하지 마라. 물론 궁금하기는 할 것이다. 하지만 아들들은 학교생활에 대해 시시콜콜 이야기하지 않는다. '비밀 엄수'는 남자아이들의 규칙과도 같다. 수없이 질문을 던져도 돌아오는 것은 어깨를 으쓱거리거나 "뭐, 이런저런 일.", "기억 안 나." 등의 무성의한 답변뿐이다.

어린 아들에게 뭔가를 물어볼 수 있는 절호의 타이밍은 함께 길을 걸을 때다. 다리를 바삐 움직이다 보면 주의력이 분산돼 자기도 모르게 오늘 하루 일을 엄마에게 털어놓게 된다.

- 아들의 문제는 아들이 해결하는 게 원칙이다

학업이든 교우 관계든 아들의 모든 문제를 대신 해결하지 마라. 학교생활이 미숙한 아들에게 문제가 생기는 건 지극히 자연스러운 일이다. 엄마가 기세등등하게 학교로 가 모든 일을 대신 해결해 주는 건 아들에게 전혀 도움이 되지 않는다. 문제를 해결하는 것 자체가 뭔가를 배우는 과정이기 때문이다. 그리고 아들이 뭔가 실수를 했다면 마땅히 처벌을 받아야 한다. 때로는 아들의 잘못이 아닐지라도, 삶은 언제나 공정할 수만은 없다는 것을 배우는 것도 좋다.

그렇다고 모든 문제를 아이에게 떠맡기라는 말은 아니다. 아들이 스스로 해결할 수 있는 문제인지 엄마가 나서서 교사와 상담해야 할 문제인지를 아들과 함께 판단할 수 있어야 한다.

- 교사와의 접촉은 알맞은 수준을 지켜라

사소한 일마다 개입해 교사와 의논하려 들지 마라. 교사도 매우 바쁜 사람이다. 학부모가 사소한 일마다 들고 찾아온다면 불편할 수밖에 없다. 진심으로 걱정이 되는 일이라면 상담을 하는

것도 좋지만, 모든 일에 교사가 지극한 관심을 보여줄 거라고는
기대하지 말자.

– 학교를 존중하라

결코 아들 앞에서 학교나 교사와 맞서지 마라. 아들은 학교와
교사가 마땅히 존중받아야 한다는 사실을 배워야 한다. 아들 앞
에서 학교나 교사를 험담해서는 안 된다. 그러면 아들도 똑같이
행동할 것이다. 아들은 늘 엄마를 보고 배운다는 사실을 잊지
마라.

저학년 시기에 가장 중요한 일은 배움을 사랑하도록 격려하
는 것이다. 배움은 누구에게나 중요하지만 배우는 일이 모두에
게 사랑스러울 수는 없다. 이 시기 엄마는 아들이 새로운 것을
배우는 기쁨을 경험하도록 도와야 한다. 시간이 흐르고 나이를
먹으면서 점점 새로운 것에 빠져드는 게 아들의 본성이다. 보통
은 공룡이 먼저 등장하고 뒤이어 동물과 곤충과 기계와 그 밖에
수많은 것들이 나타난다.

지금 아이가 푹 빠져있는 대상이 무엇이든 엄마는 아들에게
배움이 재미있다는 사실을 알려줘야 한다. 숫자를 배우기 위해
처음부터 구구단을 외울 필요는 없다. 레고 블록이나 거미 알을

가지고도 얼마든지 숫자를 배울 수 있다.

마당에서 털이 잔뜩 달린 거대한 거미를 발견했다면 먼저 아들에게 거미는 알을 몇 개나 낳는지 물어봐라. 모른다고 하면 엄마가 숫자를 하나 지어내거나 인터넷을 검색해볼 수 있을 것이다. 그러면 이 거미가 얼마나 많은 자식을 낳을지, 아기 거미들의 형제자매는 몇이나 될지 알 수 있다. 뒷마당에서 발견한 거대한 거미를 살펴보는 일은 약간 징그러울 수 있지만, 웬일인지 어린 아들은 기괴하고 징그러울수록 더욱 열광한다.

엄마의 믿음만으로도 쑥쑥 자라는 청소년기(만 11~19세)

엄마의 가엾은 나날이 시작되었다. 아들의 성격에서 이성이 사라지는 것처럼 보이기도 하고 어쩐지 위험스러워 보이기도 한다. 십 대 소년들의 의사소통은 생존을 위해 필요한 최소한도로 줄어든다. 엄마가 아들의 학교생활을 궁금해할 때도 아들의 대화 수준은 가장 낮은 썰물 상태다.

아들은 무슨 일이 있었는지 엄마에게 이야기하고 싶어 하지 않는다. 대단한 실용주의자들이라 굳이 할 필요를 느끼지 못하는 것이다. 또한 말을 많이 할수록 엄마의 질문도 늘어날 것을 알고 있기에 아무 말도 하지 않는 편이 낫다고 생각한다. 다소 힘겨운 이 시기를 무사히 헤쳐 나가기 위한 도움말을 소개한다.

- 일을 미루는 건 남자의 특징이다

대부분의 아들은 마지막의 마지막까지 할 일을 미룬다. 주말의 대부분, 일요일 밤까지 기다렸다가 숙제를 하는 것이 낫다고 생각할 만큼 뭐든 미리 하는 것을 좋아하지 않는다. 월요일 숙제를 월요일 아침에 하기도 한다.

성인 남성들도 비슷하다. 나는 압박을 받아야만 일이 잘된다. 보통 감기가 걸려야 책을 쓰기 시작한다. 계약서 마감일이 코앞으로 다가와야 공포에 빠져 일을 하기 시작한다. 내가 이런 이야기를 하면 많은 여성들이 도무지 이해가 안 된다며 고개를 절레절레 흔든다. 왜 미리미리 하지 않는 건지 납득이 안 된다고 한다. 하지만 많은 남성들은 고개를 끄덕이며 "맞아, 맞아."라고 맞장구를 쳐준다.

- 선택의 결과는 스스로 경험하게 하라

아들이 공부를 안 하고 빈둥거리기만 한다면, 스스로 선택한 일의 결과를 직접 경험하도록 하는 것 말고 엄마가 딱히 해줄 수 있는 일은 없다. 하기 싫어하는 공부를 억지로 시킬 순 없다. 그러면 아들이 실패하고 낙오될 가능성만 커진다. 엄마 입장에선 똑똑하고 재능 있는 내 아들이 학교에서 낙제하는 모습을 지켜보기 괴롭겠지만, 진정 공부에 흥미를 느끼기 전까진 어쩔 수 없는 노릇이다.

당분간 학교를 그만두고 슈퍼마켓이나 주유소에서 아르바이트를 하게 될지도 모르지만, 단순 육체노동에 따분함을 느끼고 다시 학교로 돌아올지 모른다는 희망을 품어야 한다. 산을 오를 때 길을 마구 돌아가는 아들도 있기 마련이다. 모든 아들이 쭉 뻗은 고속도로로 쉽게 갈 수는 없다.

❖ 아들은 스스로 결정을 내리며 자신의 삶을 꾸려가기 시작한다.

❖ 엄마는 균형을 유지해야 한다. 아들이 공부를 열심히 하고 엄마의 기대치를 이해해주기를 바라는 한편, 아들 마음대로 할 수 있는 여유도 줘야 한다. 정답은 없다. 그저 최선을 다하자.

❖ 일상을 독려해주고 공부할 공간을 마련해주어야 한다. 아이가 음악을 듣고 싶어 한다면 듣게 하라. 연구 결과 아들이 딸보다 음악 듣기를 더 좋아한다고 한다. 엄마의 입장에서는 이해되지 않을 수도 있지만 아들에겐 그냥 그렇게 할 필요가 있다.

❖ 아들이 문제에 휘말렸다고 당장 개입해 구해주지 마라. 평생 동안 지켜야 할 원칙이다. 책임감을 가르치고 싶다면 아들 스스로 자신의 행동에 책임지게 하라.

❖ 아들 대신 숙제를 해주지 마라.

❖ 과제 마감일을 연장해달라고 선생님을 들들 볶아대지 마라. 아들 스스로 해결할 일이다.

❖ 아들이 학교에서 문제를 일으켰을 때도 엄마가 나서서 해결하지 마라. 아들의 문제는 아들의 것이다. 예를 들어 아들이 어느 선생님에게 밉보였다면 그 선생님 앞에서 더 조심하고 신경 쓰는 법을 배워야 한다.

❖ 침착하고 또 침착하라. 누구나 이 세상에서 자기 자리를 찾아야 하지만, 그 과정은 탁 트인 고속도로일 수도 있고 때로는 구불구불한 고갯길일 수도 있다. 가치관과 도덕과 예의범절을 심어주는 등 어린 시절에 해줄 수 있는 일을 다했다고 생각한다면, 아들 스스로 제 갈 길을 찾을 거라고 믿는 도리밖에 없다.

이 시기 엄마의 가장 큰 어려움은 아들을 향한 높은 기대 심리와 자립을 허락하는 일 사이에서 균형을 잡는 일이다. 정답은 없다. 때로는 가장 현명한 길이 내가 바라는 모습과 정반대가 될 수도 있다.

나는 열여덟 살에 오늘의 운세만 믿고 학교를 그만둔 적이 있다. 어느 날 아침 신문을 펼쳐 게자리 운세를 살펴봤더니, '꿈꿔왔던 일을 하기에 좋은 날'이라고 돼 있지 않은가. 난 개인적으로 점성술을 신뢰하는 편이 아니다. 예나 지금이나 그것은 마찬가지다. 나에겐 단지 학교에서 도망칠 구실이 필요했다. 나는 신문을 내려놓고 엄마에게 말했다.

"엄마, 아무래도 학교를 그만두어야겠어요."

당시 나보다 훨씬 현명했던 어머니는 조용히 이유만 물어보았다.

"별자리 운세를 보니까 오늘은 그동안 생각해왔던 일을 해치우기에 좋은 날이래요. 그동안 학교를 그만둘까 생각해왔거든요."

엄마는 잠시 멈추었다가 말했다.

"그럼 뭘 할 거냐? 그냥 가만히 앉아 있을 거냐?"

"아니요. 내년에는 대학에 가야 하는걸요. 어차피 대입에 필요한 학점은 다 이수해서 학교에서 더는 할 일이 없어요. 그러니까 남은 6개월 동안 직업을 구해서 일이나 해야겠어요."

"좋아, 그렇게 생각했다면 그러려무나."

나는 소스라치게 놀랐다. 학교를 그만두겠다는데 엄마가 그토록 쉽게 허락해줄 거라고는 꿈에도 생각하지 못했기 때문이다. 농담 비슷하게 던져본 말을 진지하게 받아들여준 것 자체가 놀라웠다.

엄마는 기억하는지 모르지만 그날의 대화는 내 인생에 커다란 영향을 미쳤다. 내가 더는 어린아이가 아니며 내 삶은 스스로 꾸려가야 한다는 것을 엄마가 처음으로 인정해준 소중한 순간이었다. 엄마는 나와 엄청나게 언쟁을 벌일 수도 있었고 무조건 학교를 계속 다녀야 한다고 윽박지를 수도 있었다. 하지만 그저 내 생각을 확인만 해보고 나를 믿어주었다.

그날의 대화를 기점으로 나의 생각은 바뀌었다. 이제 내 삶은 내가 책임져야 한다는 사실을 묵직하게 깨달은 것이다. 순식간에 모든 일이 진지하게 느껴졌다. 내 어린 시절 가운데 가장 획기적인 변화가 일어난 시점이자 거의 25년이 지난 지금까지도 또렷하게 남아 있는 기억이다.

내 아들에게도 그런 순간이 찾아온다면, 나 역시 나의 엄마처럼 아들이 무슨 이야기를 하고 있는지 똑똑히 깨달을 만큼 현명하기를 바라고 또 바라고 있다.

아들 곁에서 물러나야 할 청년기(만 20세 이후)

아이를 키우는 일에 쉬운 시점은 없겠지만 그래도 청년기에 접어들 때부턴 상황이 확실히 수월해진다. 이 시점부터 아들은 정말로 자기 삶을 직접 꾸려가게 된다. 엄마는 이제 뒤로 물러나 잠시 쉬면서 손자들을 기다리면 된다. 이 시기 엄마의 가장 큰 숙제는 아들을 가만히 놔두는 것이다. 이 무렵 엄마들에게 해주고 싶은 조언은 세 가지밖에 없다.

❖ 더는 아들 곁을 쫓아다니지 마라. 그럴 때가 지나도 한참 지났다. 과거에도 그랬다면 이젠 확실히 그만둘 때다. 아들의 대학 강의실까지 쫓

아가 교수에게 아들 변호를 해서도 안 되고 직장을 구한 다음이라면 아들의 상사와 협상을 벌이거나 중재에 나서서도 안 된다.

❖ 이제 아들에게 배의 방향타를 넘겨줄 때가 왔다는 사실에 즐거워하라.

❖ 아들이 원한다면 조언을 해줘라. 하지만 게임의 규칙은 똑같다. 아들 혼자서도 얼마든지 삶을 잘 꾸려갈 수 있으며 그럴 능력이 충분하다는 생각을 키워줘라.

아들은 실수를 저지를 수 있다. 그중에는 정말 커다란 실수도 있을 수 있지만 그 모든 게 인생의 한 단면이다. 이제 따뜻하고 평화로운 곳으로 휴가를 떠날 계획을 세워라. 최소한 영화 한 편, 커피 한 잔의 여유는 생길 것이다.

학교에서 아들이 괴롭힘을 당한다면

괴롭힘을 당하는 아들이 있다면 힘들어하지 않을 부모는 없다. 어떤 부모도 자기 자식이 괴롭힘을 당한다는 생각은 하고 싶지 않을 것이다. 괴롭힘을 당하는 아들의 이야기를 하기 전에 '진짜 괴롭힘'과 '단순 괴롭힘'을 구별하고 넘어가자.

진짜 괴롭힘은 옛날부터 존재해온 것으로, 보통 나이가 많거나 힘이 센 아이가 작고 힘없는 아이를 지속적으로 반복하여 괴롭히는 경우를 말한다. 정말로 나쁜 일이고 아이들의 삶을 불행하게 만들 수도 있다.

반면에 '단순 괴롭힘'은 마음에 들지 않는 상황에서 상대를 밀치거나 소리를 지르는 등 불쾌감을 표시하는 모든 행동을 말한다. 형제자매가 적어 자기 위주로 자란 요즘 아이들에게 친구 간의 사소한 갈등이 원인이 돼 흔히 벌어지는 다툼이 단순 괴롭힘이다.

어느 날 내 아들이 집에 와서는 학교 형들에게 괴롭힘을 당했다고 말했다. 난 온 신경이 곤두섰지만 최대한 침착함을 유지하며 물었다.

"그 형들이 어떻게 했어?"

"내 눈에 모래를 던졌어."

분노가 화르르 일어났다. 당장 학교로 달려가고 싶었지만 일단은 몇 가지 질문부터 던지는 게 순서일 것 같았다.

"어쩌다가 그랬는데?"

"우리가 나무 둘레를 막 돌면서 뛰어다니고 있었는데 옆에서 놀던 형들이 저리로 가라고 했어."

"그래서 갔어?"

"아니."

"그래서 어떻게 됐어?"

"우리가 계속 뛰어다니니까 형들이 모래를 집어서 우리 쪽으로 던졌어."

"눈에?"

"응."

"그래서 어떻게 했어?"

"도망쳤지."

"형들이 계속 쫓아와 너희 눈에 모래를 던졌어?"

"아니."

"그럼 너희가 비켜주지 않고 계속 뛰어다닐 때만 형들이 그랬어?"

"응."

"그럼 그건 괴롭히는 게 아니야. 형들이 화가 나면 어떻게 되는지 동생들에게 보여준 거지. 저리 가라고 했는데도 너희가 말을 안 들었잖아."

"그렇다고 눈에 모래를 던지면 안 되잖아."

"그렇지, 그러면 안 되는 거지. 하지만 또다시 그런 일이 안 생기게 하려면 어떻게 해야 할까?"

아들은 잠깐 생각해보고 말했다.

"형들을 화나게 하면 안 된다?"

나는 고개를 끄덕였다.

"이것으로 오늘의 교훈 끝."

만약 내가 학교로 쳐들어가 보복과 징벌을 요구했다면 나만 바보가 되었을 것이고 내 아들도 훨씬 곤란한 상황에 처했을 것이다. 대신 나는 아들에게 몇 가지 질문을 던졌고 결국 아들이 당한 건 '진짜 괴롭힘'이 아니라 '단순 괴롭힘'이었음을 알 수 있었다.

반면 '진짜 괴롭힘'은 아주 심각한 문제다. 괴롭힘을 당한 결과가 꽤 오래 지속된다. 괴롭힘이 아이들의 삶에 얼마나 심각한 영향을 미칠 수 있는지 수도 없이 목격했다. 진짜 괴롭힘이라면 부모가 개입해야 한다. 그러나 이 역시 전략적일 필요가 있다.

대처법은 상당 부분 아들의 나이와 관계가 있다. 어린아이의 경우 담임교사를 찾아가기만 해도 많은 부분 문제가 해결된다. 그러나 좀 더 큰 아이들의 경우 일이 복잡해질 수 있다. '체면' 문제가 개입되기 때문이다. 어떤 아이도 자신의 문제를 해결하기 위해 엄마가 학교로 달려왔다는 오명을 뒤집어쓰고 싶지는 않을 것이다.

요즘에는 학교 제도 안에 괴롭힘을 방지하는 프로그램이 정립돼 있고 불량 학생에 대처하기 위한 강력한 정책도 시행되고 있다. 그러므로 아들에게 무슨 일이 생겼는지 확실히 상황이 파악되면 일단 교사나 교장부터 만나야 한다. 이때 부모가 학교 측에 분명히 확인해둘 사항은 다음과 같다.

❖ 학교 측은 현재의 괴롭힘으로부터 내 아들을 안전하게 지켜줄 수 있는 가? 가해 학생들이 고자질을 당했다고 보복할 경우에 대비해 안전을 보장해줄 수 있는가?

❖ 가해 학생들을 어떻게 처리할 것인가? 그들을 구제하고 치료하기 위해 어떤 프로그램이 마련되어 있는가?

❖ 어떤 식의 관리 감독으로 해당 문제를 해결할 생각인가?

❖ 조사 과정과 중재 결과 등에 대해 학교 측은 학부모 측과 어떤 방식으로 의사소통할 것인가? 학교 측으로선 가해 학생에 대한 신변 보장, 비밀 유지 등의 원칙을 지켜야 하는 애로 사항이 있겠지만, 피해 학생의 부모로서 최소한 결과는 통보받을 수 있어야 한다.

위와 같은 질문에 확고한 답을 듣지 못한다면 들을 때까지 목소리를 높여야 한다. 학교 측과 마주 앉아 문제를 논의하는 상황까지 이르렀다면, 피해 학생의 부모로서 학교 측이 해당 문제를 얼마나 진지하게 다루고 해결해 나갈 것인지를 확실하게 지켜보고 요구해야 한다.

아들이 얻어맞고 돌아왔다면

우리 작은아들이 다섯 살 때였다. 가족 모임에서 다른 아이에게 두들겨 맞았다. 우리 부부가 직접 보지는 못했고 집에 돌아온 뒤 아이가 말해줘서야 알았다. 나는 아들에게 어떻게 된 일인지 물었다.

"날 주먹으로 때렸어."

"어디를 때렸어?"

"배를."

"그래서 넌 어떻게 했는데?"

"나도 때리려고 했지."

녀석이 주먹을 쥐면서 말했다.

나는 고개를 저으며 말했다.

"아들. 네가 누굴 때렸다는 말은 정말 듣고 싶지 않아. 그건 무조건 잘못이야. 왜 잘못인지 알아?"

녀석은 잠시 나를 빤히 보더니 대답했다.

"사람을 때리는 건 나쁜 짓이니까?"

"비슷해. 사람을 때리는 게 좋은 일은 아니지. 하지만 상대방이 너를 먼저 때렸다면 방어할 수는 있어. 그렇다면 왜 사람을 때리는 게 잘못일까?"

"상대방이 아프니까?"

"아니야. 상대방이 먼저 너를 때려서 너도 그 아이를 아프게 하고 싶었다면, 그건 괜찮아. 사람을 때리는 게 잘못인 이유는 괜히 네 주먹만 다칠 수 있기 때문이야. 그러니까 다음부턴 주먹을 쓰지 말고 손바닥을 써."

나는 손을 들어 녀석에게 보여주며 말했다.

"손바닥 아랫부분을 쓰면 아프지 않고도 상대방을 제압할 수 있어."

우리는 십 분 동안 장권 날리기의 기본기를 연마했다.

다섯 살 아들에게 다른 아이한테 얻어맞았을 때 상대의 배에 강력한 장권을 날리라고 가르쳐도 괜찮은 걸까? 당연하다. 아주 당연히 괜찮다.

첫 번째 방어책은 달아나는 것이고 두 번째 방어책은 상대가 그만두게 하는 것이다. 하지만 상대방이 주먹을 날리는 상황에 이르렀다면 스스로를 방어할 수 있어야 한다. 나는 아이들에게 호신술을 가르쳐주는 게 전혀 문제되지 않는다고 생각한다.

아들에게는 상대방이 토론과 협상을 거부했을 때 사용할 수 있는 다른 선택지가 있어야 한다. 그래서 나는 자녀에게 기본적인 호신술을 가르쳐주라고 제안한다. 특히 온몸을 접촉해 사용하는 호신술을 추천한다.

훌륭한 호신술 학교에 가보면 최선의 해결책은 일단 달아나는 거라고 가르친다. 아들에게 람보가 되는 법을 가르칠 필요는 없다. 아들에게 공격성과 폭력성을 가르치라는 말도 아니다. 공격과 폭력으로부터 방어하는 법을 가르치라는 것이다. 아들 스스로 호신술로 무장하고 자신감을 갖게 되면 그만큼 모습도 당당해질 것이고, 불량 학생들에게 괴롭힘을 당할 소지도 줄어들 것이다. 이렇게 여러모로 도움이 되는 기술을 굳이 안 가르쳐줄 이유가 뭐가 있겠는가?

게다가 아들들은 무술 같은 걸 무척 좋아한다.

내 아들이 불량 학생이라면

부모라면 누구나 내 자식부터 감싸고 보는 게 본능이다. 그만큼 자연스러운 일이지만, 교육적인 관점에선 반드시 옳다고만은 볼 수 없다. 학교 측에서 당신 아들을 가해 학생이라 지목하며 면담을 요청한다면, 방어 본능을 발휘하기에 앞서 일단 심호흡부터 하기 바란다.

나는 아들이 완전히 '나쁜 자식'인데도 무턱대고 감싸고 도는 엄마들을 수도 없이 만나보았다. 확고한 증거가 있는데도 맹목적으로 아들 편만 든다고 해서 아들에게 무슨 도움이 될까? 일단 차분하게 상황을 들어봐야 하고 그런 다음 누구의 말을 믿을 것인지 판단해야 한다. 청소년들은 종종 거짓말을 할 수 있다는 사실을 기억하자. 학교 측이 과민 반응을 보일 때도 있지만, 그래도 일반적으로 학생들보단 학교 측이 조금 더 솔직하다.

아들이 잘못을 인정했다면 이제 문제 해결은 학교만의 일이 아니다. 학교와 협력하는 방법에 대해서는 잠시 뒤에 살펴보자.

일단은 학교에서의 문제 행동은 학교와 학부모가 공동의 목적을 가지고 해결해야 할 일이라는 것 정도로만 해두자.

아들이 가해 학생이라면 적절한 처벌과 사과를 감내해야 한다는 게 내 생각이다. 사과는 반드시 얼굴을 마주한 상태에서 이뤄져야 하며, 부모가 그 자리에 배석해서 아들이 진심으로 피해 학생을 존중하며 사과하는지 지켜보는 게 좋다.

이런 일이 반복된다면 훨씬 더 심각한 결과를 맞게 될 수 있음을 아들이 깨닫게 해야 한다. 부모 입장에서는 아들이 다른 사람을 존중하는 법을 배울 때까지 아들의 삶에서 모든 재미를 박탈하겠다는 의사를 분명하게 전달할 수 있어야 한다.

아들의 학교와 생산적으로 협력하기

학교를 상대할 때 해야 할 일과 하지 말아야 할 일이 있다. 그동안 여러 학교와 협력해 일해오면서 효과적인 방법을 구상해보았다.

우선 부모는 학교가 걱정으로 가득 찬 학부모들로부터 온갖 잔소리와 불평불만에 시달리고 있다는 사실부터 기억해야 한다. 산더미처럼 쌓여 있는 일거리를 처리하다 보면 교사도 인간인지라 어느 정도는 짜증이 나고 지겨울 것이다.

그러므로 아들의 학교와 좋은 관계를 유지하려면 다음의 사항을 염두에 두기 바란다.

- 사소한 일 하나하나를 다 불평하지 마라. 아이들로 가득 찬 학교에서는 온갖 일이 벌어지기 마련이다. 어떤 일은 아들 스스로 해결하고 극복해야 한다.
- 아들이 저지른 잘못에 대해 엄마가 대신 변명을 해서는 안 된다. "우리 애는 집에서는 절대로 그러지 않아요." 같은 말은 절대 하지 마라. 학교 측은 당신의 말을 믿어주지도 않을 것이며 변명이나 일삼는 한심한 부모로 여길 것이다. 절대로 변명하지 마라.
- 아들이 함께 있거나 없거나 선생님 앞에서 학교를 지지하라.
- 문제가 생기면 학교와 적극 협력하겠다는 뜻을 밝히고 최선을 다하라.
- 문제를 해결하기 위해 최선을 다하라.
- 아들의 행동을 비난하는 다른 부모가 있다면 아무리 내 아들이 억울하게 비난받는다는 생각이 들더라도, 선생님을 고래 싸움에 새우 등 터진 격으로 만들지 마라. 선생님이 개입한 상태에서는 일단 이를 악물고 참는 게 좋다.
- 걸핏하면 학교에 찾아가 교사를 붙들고 장시간 상담을 요구하는 고문관이 되지는 말자. 잠깐의 면담이야 괜찮겠지만, 또 가끔은 서로 연락을 주고받는 것도 좋겠지만, 요점은 '용건만 간단히'다.
- 교사들은 대체로 아이들 때문에 생기는 온갖 고충을 해결해야 하고, 때로는 부모들의 허튼소리까지도 받아주어야 한다.

괜한 일에 소란을 떠는 엄마가 되지 마라. 이왕이면 교사에게 지지를 보내는 대범한 엄마가 되라. 만에 하나 내 아들이 분쟁에 휘말릴지라도 평소 교사와의 신뢰 관계가 구축돼 있다면, 난처한 상황을 원만하게 해결하는 데 큰 도움을 받을 수 있을 것이다.

아들의 학교생활이 원만하지 못한데다 마침 졸업을 앞두고 있다면, 차라리 학교를 그만두는 편이 낫지 않을까 하는 생각도 들 수 있다. 그러나 학교에 다니는 것은 성적과 관계없이 아들에게 꽤 효과적인 보호 장치가 된다. 체계적인 학교 환경은 아이들이 심각한 문제에 휘말리지 않게끔 막아주는 방패막이 역할도 한다. 그러므로 선택의 갈림길에 서 있다면 가능한 한 학교에는 오래 머물러 있는 것이 좋다.

07 아들의 취미와 여가 생활을 보장한다

공부가 전부는 아니다

스탠리 큐브릭 감독이 영화로 제작하기도 한, 스티븐 킹의 환상적인 공포 소설 《샤이닝》을 보면, 외딴 호텔의 텅 빈 연회장에 앉은 주인공 잭 토랜스가 뭔가에 홀린 듯 계속 같은 문장을 타이핑하는 장면이 나온다.

"공부만 하고 놀지 않으면 바보가 된다."

잭은 훌륭한 소설을 써내고자 했지만, 귀신 들린 호텔의 사악한 영혼들이 머릿속으로 헤집고 들어와 모든 것이 끔찍한 파멸로 종결되었다. 비록 잭 토랜스는 허구의 인물이지만, 그가 한 말은 일리가 있다.

공부만 하고 놀지 않으면 바보가 된다.

언젠가 나를 찾아온 한 소년이 생각난다. 왜 왔느냐고 물었더니, 스트레스 때문에 잠을 잘 수가 없다고 했다. 합리적인 고민이라 생각하고 다시 물었다.

"무슨 일 때문에 그렇게 스트레스가 심한데?"

"다음 학기에 희곡 수업을 꼭 듣고 싶은데 어떻게 해야 좋을지 모르겠어요."

나는 잠시 혼란스러웠다.

"뭐라고?"

"수업 시간표에 희곡 과목을 어떻게 끼워넣어야 할지 모르겠어요."

"진담이니?"

"당연하죠."

"너 몇 살이니?"

"열일곱 살이요."

"이런, 녀석하고는. 좀 더 빈둥거릴 궁리를 해야 해!"

아이 엄마가 바라는 바는 아니었겠지만, 그래도 훌륭한 충고였다고 생각한다. 공부만 하고 놀지 않으면 정말로 바보가 된다. 건강하게 오래 살기도 힘들다. 꼭 귀신 들린 호텔에 처박혀 있어야지만 일찍 죽는 것은 아니다. 만성적인 스트레스는 건강에 치명적이다. 약간의 과외활동은 인생의 필수 요소다. 이번 장에서는 아들의 과외활동으로 좋은 것과 그렇지 못한 것들에 대해 이야기하려고 한다.

취미로 유익한 스포츠 활동

나는 스포츠를 별로 좋아하지 않는다. 여태껏 흥미를 느껴본 운동도 없고, 사실 스포츠를 즐기지 않고도 지금까지 잘 살아왔다. 스포츠광이 넘치는 나라에서 스포츠를 싫어하는 남자로 살아가기란 자못 힘든 일이다. 스포츠에 관한 대화에 끼게 되면 난 늘 허풍을 떨곤 했다. 누군가 내게 묻는다.

"어젯밤 경기 봤어?"

"그럼."

일단 이렇게 대답한다. 사실은 무슨 이야기인지도 모른다. 이어서 나는 어디에 갖다 붙여도 통할 수 있는 말을 골라 당당하게 말한다.

"도대체 그게 뭐야?"

"정말 후반부가 그게 뭐야?"

상대방이 얼른 맞장구를 쳐준다. 그러면 나는 또 허풍을 떤다.

"그러게. 정말 말도 안 되는 경기였어."

정말 말도 안 되는 대화다.

놀랍게도 이런 내가 작은아들의 운동경기를 보러 가는 것은 기가 막히게 좋아한다. 큰아들은 아빠의 스포츠 무관심 유전자까지 물려받았지만, 작은아들은 어찌된 영문인지 스포츠광이다. 아이가 생겼을 때부터 내심 두려워했던 일이 벌어진 것이다. 만약 스포츠광 아들이 생기면 어떡하지? 어떻게 몇 시간을 지루해하며 서 있지?

아들의 첫 축구 경기를 보러 갔을 때, 나는 겉으로는 흥미로운 척했지만 속으로는 완전히 지루할 거라고 각오하고 있었다. 그러나 웬걸. 그날의 경기는 엄청나게 재미있었고 어마어마하게 즐거웠으며 경이롭기까지 했다.

이 대목에서 스포츠를 별로 좋아하지 않는 엄마들에게 감히 간증을 하고자 한다. 한때 나 역시 어머님들과 같은 입장이었지만, 지금은 어린 아들이 운동장으로 달려나가는 모습을 볼 때마다 즐거움과 흥분에 온몸이 떨려온다. 게다가 아들이 골이라도 넣는 날에는 단 한 번도 느껴보지 못한 벅찬 감정이 파도처럼 몰려온다. 정말이지 대단히 멋진 경험이다.

무엇보다 아들이 득점을 올리는 순간, 엄마가 지켜보고 있는지 확인하려고 고개를 돌렸을 때 서로의 시선이 마주치는 그 찰나는 아들에게나 엄마에게나 말로 표현할 수 없이 소중한 시간이다. 어린 아들은 엄마의 따뜻한 눈길을 받으며 한 뼘씩 자라난다.

게임만 하는 아이들이 점점 늘어나는 요즘, 아이들이 운동경기에 참가하며 얻는 건강상의 이점은 더욱 두드러진다. 최근 한 연구에서 7개 국가 만 2세에서 6세 사이의 아동 1만 316명을 살펴본 결과, 하루 최소 권장량인 60분 이상 운동을 하는 아이들은 겨우 54퍼센트에 지나지 않았다. 아들이 딸보다 운동량이 좀 더 많은 건 사실이지만, 많은 아이들이 운동 부족에 시달리고 있는 현실을 감안할 때 아들도 안심할 만한 수준은 아니다. 선진국을 중심으로 한 아동 비만 증가 현상을 생각해봐도 운동 부족은 이미 심각한 수준이라 할 수 있다.

운동의 좋은 점 중 하나는 그냥 거리를 쏘다니며 친구들과 어울릴 때보다 운동 집단에 참여했을 때 더 좋은 영향을 받을 수 있다는 것이다.

그렇다고 아들이 운동을 하지 않으면 남성성을 갖출 수 없으리라고 생각하지는 마라. 남성성은 어디에서든 찾을 수 있다. 바닷가 바위 밑에서도, 오래된 이야기책 속에서도, 버려진 낡은 상자 속에서도 찾을 수 있다. 운동을 하지 않는다고 무언가 결핍된 채 자라는 것은 아니다. 운동을 통해 얻을 수 있는 장점은 무척 많지만 남성성을 고양하기 위해 운동을 강권하진 마라. 그건 전적으로 아이가 결정할 문제다.

아이답게 뛰어놀게 하라

아들에게 놀이는 굉장히 중요한 활동이다. 사실 아이만이 아니라 모든 인간에게 인생을 통틀어 놀이의 의미는 매우 크다. 엄마는 아들이 놀이를 마음껏 즐길 수 있게 해주고, 사내아이들 끼리의 놀이에 적극 참여할 자유를 줘야 한다. 사실 현대 양육의 가장 큰 딜레마 중 하나가 바로 부모가 아이의 삶에 지나치게 개입하는 것이다. 많은 엄마들이 아들의 오락을 진두지휘하는 대장 노릇을 하고 있다.

지속적인 오락거리를 제공하는 것은 엄마의 의무가 아니다. 아이가 어리다고 해도 마찬가지다. 엄마는 그냥 엄마일 뿐, 할 일을 찾아내는 것은 아들의 몫이다. 아들과 아무것도 하지 말라는 뜻이 아니다. 엄마는 반드시 아들과 뭔가를 해야 한다. 다만 깨어 있는 모든 순간을 아들과 놀 수 있는 것들로 가득 채울 필요는 없다는 말이다.

엄마는 아들이 아이답게 놀 수 있도록 해야 한다. 그럼 어떻게 하란 말인가? 나는 얼마 전 만 4세 아이들 여섯 명과 함께한 한 생일 파티에서 답을 찾았다. 파티를 위해 미리 계획한 게임과 놀이를 다 제쳐놓고, 이 멋진 녀석들은 두 시간 내내 플라스틱 장난감 칼로 서로를 때리며 집 안을 마구 돌아다니며 놀았다. 간식을 먹기 위해 잠깐 멈추었을 때만 빼고 이들은 곧 달려

나가 서로 치고받으며 놀았다. 그날의 파티는 참석한 모든 아이들로부터 최고의 찬사를 받았다.

아들은 대체로 거칠고 시끄럽고 지저분한 것을 좋아한다. 최고로 좋아하는 것은 약간 위험한 놀이다. 어떤 엄마들은 아들이 장난감 총과 칼을 갖고 노는 걸 별로 좋아하지 않는다. 그러나 총도 칼도 아이에겐 그저 '재미있는' 놀이라는 사실을 알아야 한다. 일곱 살 때 장난감 총을 갖고 논다고 자라서 범죄자가 되지는 않는다. 직업상 만나본 진짜 범죄자들 가운데 일곱 살 때 카우보이 놀이나 인디언 놀이를 하면서 범죄자가 되기로 결심했다는 이야기는 단 한 번도 들어본 적이 없다. 아들에게 장난감 총을 주지 않으면, 연필이나 나무조각 심지어 여동생의 부러진 바비 인형 다리를 총 삼아 놀 것이다.

아들은 또한 나무에 올라가보기도 하고 시냇물에 다리도 만들어보고 창도 던질 필요가 있다. 흙장난도 중요하고 가끔씩은 무릎이 깨져 피를 흘리는 것도 나쁘지 않다. 고압선 송전탑에 올라가게 놔두라는 말이 아니다. 다소 위험해 보이지만 심각한 부상으로 이어지진 않을 선에서 세상과 함께 놀 수 있도록 여유를 주라는 말이다.

요즘 아이들에겐 커서 자랑스럽게 보여줄 영광의 상처가 많지 않다. 안타까울 정도다. 우리 세대는 밖에 나가 맘껏 뛰어놀

며 항상 크고 작은 상처를 달고 살았다. 그러나 우리 아들 세대
는 무릎이 벗겨져 상처가 날 일이 거의 없다.

아들이 자랄수록 놀이도 점점 과격해지고 그만큼 위험도 커
진다. 나는 아들이 아직 어릴 때 위험에 대해 충분히 배울 필요
가 있다고 생각한다. 그래야 진짜 위험과 마주쳤을 때 당황하지
않고 해결할 수 있다. 아홉 살에 나무에서 떨어져 다리가 부러
져본 아이는 자라서 친구가 오토바이를 타고 바위투성이 강둑
위를 달리자고 부추길 때 오히려 더 조심스럽게 행동할 것이다.

교우 관계가 어려운 아들을 위하여

오랫동안 지켜본 바, 아들과 딸은 우정에 대해 생각이 많이
다른 편이다. 딸들의 우정은 쉽게 변하기 일쑤다. 한때 가장 친
했던 친구가 철천지원수로 돌변하는 일도 종종 있다. 그러나 아
들에겐 친구와의 의리가 엄청나게 중요하다. 물론 남자아이들
도 말다툼을 벌이고 서로 의견이 어긋나기도 하지만 이들의 우
정은 평생 지속되는 경향이 있다.

아들은 좀체 친구들과 드라마 같은 상황을 연출하지 않는다.
싸울 때는 싸우지만 그때뿐이다. 어느 순간 감정이 폭발하다가
도 언제 그랬냐는 듯 순식간에 제자리로 돌아온다. 아들에게 친
구는 제2의 가족일 뿐만 아니라 세상을 함께 알아가는 소중한

동반자다. 그러나 친구 사귀는 일이 어려운 아들도 적지 않다. 보통 수줍음이 많거나 자신감이 부족한 아들이 친구 사귀기를 어려워한다. 친구 문제로 고민하는 아들에게 엄마는 다음과 같은 도움을 줄 수 있다.

❖ 방과 후 아들의 친구들을 초대해 아들의 기를 살려준다.

❖ 특별히 친한 친구 두어 명을 집으로 초대해 영화도 보여주고 간식도 대접한다.

❖ 음악, 미술, 운동, 연극 등 아들의 특기를 발견해 자신감을 키워준다. 수줍음 많고 소심했던 여섯 살 남자아이가 레슬링을 잘해 학교를 주름 잡는 '킹카'가 될 수도 있고, 피아노 연주로 감동을 주는 아이가 될 수도 있다.

❖ 저학년 아들이라면 친구들과 노는 모습을 지켜보았다가, 은연중에 아들에게 사교술을 코치할 수도 있다.

❖ 요즘 아이들의 생일 파티는 너무 거창하고 번거로워졌다는 게 내 생각이다. 하지만 아들이 교우 관계로 어려움을 겪는다면 멋진 생일 파티를 열어주는 것도 좋은 방법이다. 콘셉트가 창의적이라면 꼭 많은 돈을 쏟아부을 필요는 없다. 예를 들어 '공포'를 주제로 파티를 열어 아이들이 머리 위에 벌레를 얹으면 상을 주고, 벌레를 핥으면 대상을 주는 식으로 한번 해보라. 잊지 못할 파티가 될 것이다.

❖ 방과 후 활동에 가입한다. 모임이 안전하고 체계적으로 운영된다면 친

구를 사귈 만한 좋은 기회가 될 수 있다.

❖ 자녀가 있는 친구나 친척을 자주 초대해 아들과 어울리게 한다. 사교에 자신감을 갖는 가장 좋은 방법은 친구를 사귀어본 경험이다.

청소년기 아들의 교우 관계는 좀 더 복잡하다. 청소년 아들은 엄마가 자신의 친구 문제에 일일이 개입하는 것을 원하지 않는다. 또한 청소년기 아들은 컴퓨터 게임에 쉽게 빠지는 경향이 있다. 컴퓨터 게임은 친구 사귀기보다 훨씬 쉬운 일이기 때문이다. 사실 청소년기 아들의 사교 문제에 엄마가 개입할 일은 많지 않다. 다만 도움이 필요한 아들에게 다음과 같은 조언을 해줄 순 있다.

❖ 말없이 곁에 있어 준다. 아들에게 혼자가 아님을 알려주는 것이다. 말을 많이 하면 오히려 아들은 당황하거나 화를 낼지도 모른다. 그냥 옆에 있어주는 것만으로도 충분하다.

❖ 운동이나 연극, 음악, 밴드 등 다른 아이들과 어울릴 수 있는 취미를 갖도록 독려한다.

❖ 간단한 아르바이트를 권해보는 것도 좋다. 사회생활을 배우고 자신감도 쌓는 기회가 될 것이다.

❖ 생각 없이 무리를 좇거나 인기만을 좇는 아들이라면 적당한 때를 골라 타이른다. 다른 사람이 몰라줘도 묵묵히 자신만의 길을 갈 때 아들은

더욱 멋있을 거라고 말해준다. 겉모습보다는 내면이 강한 아이가 더 훌륭하다고 말해준다.

❖ 아들에게 남자의 모범이 될 만한 사람이 있으면 만남을 주선한다.

청소년기는 이성 친구를 왕성히 사귀는 시기다. 청소년기 아들은 동성 친구보다 이성 친구에게 자신의 감정을 더 잘 털어놓는 경향이 있다. 만약 아들에게 이성 친구가 있다면 걱정하지 말고 오히려 격려해줘라.

멋진 엄마가 되는 법

앞부분을 죄다 건너뛰고 곧장 여기로 왔다면 아니면 서점에서 책을 대강 넘기고 있다면 어서 앞으로 돌아가라. 여긴 디저트 코너다. 처음부터 후식을 먹을 순 없지 않은가. 식탁을 깨끗이 치워버리지 않을 테니 고기도 먹고 채소도 먹고 물도 마신 뒤에 다시 돌아오라.

여기서 내가 하려는 말은 과학적으로 검증된 사실은 아니다. 당신이 멋진 엄마가 되기 위해 제안하는 일종의 '저지방' 도움말 정도 된다. 정 하기 싫다면 하지 않아도 좋다. 결코 강제적인 사항은 아니다. 여기 제안대로 실천했는데도 멋진 엄마가 되지 못한다면 그 또한 어쩔 수 없는 일이다. 이것들이 효과를 보리라고는 나조차 확신할 수 없으니까.

단지 내가 장담할 수 있는 게 하나 있다면 엄마와 아들 모두 즐거워질 거란 사실이다. 물론 아래의 제안을 엄마가 항상 실천할 순 없다. 그러기엔 엄마가 너무 지칠 것이다. 이따금씩 특별한 순간에 한 번씩 해보라는 것이다. 다시 말하지만 이것은 균형 잡힌 식단이 아닌 디저트에 불과하다. 더구나 이 제안은 어디까지나 생각의 출발점일 뿐이며 독자 여러분 각자가 더 좋은 아이디어를 덧붙일 수 있으리라고 믿는다.

마지막으로 당부하고 싶은 말은 엄마들은 아들의 친구가 되려고 해서는 안 된다는 것이다. 아들은 엄마를 친구로서 필요로 하지 않는다. 친구는 집 밖에서 얼마든지 찾을 수 있다. 아들은 엄마가 엄마이기를 원한다. 그러니 다음의 제안은 엄마가 더욱 멋져 보일 수 있게끔 도와줄 아주 소소한 아이디어들이다.

아들의 발달단계별로 멋진 엄마가 될 수 있는 방법은 다음과 같다.

유아기 아들(만 2세~6세)과 눈을 맞춰라

멋진 엄마가 되기 쉬운 때다. 아침에 눈을 뜨고 자리에서 일어나는 순간 멋진 엄마가 되어 있는 시기다. 아래의 제안을 수용하면 아들의 눈에 더욱 멋진 엄마로 비칠 수 있을 것이다.

❖ 가끔은 밥 대신 디저트를 먼저 먹는다.

❖ 일부러 방귀 소리를 내고는 아들에게 덮어씌운다.

❖ 실내 또는 마당에서 아들과 함께 집을 짓는다.

❖ 아들과 함께 웅덩이에서 물장난을 친다.

❖ 바닷가나 강가에 놀러가 옷이 물에 젖도록 뛰어논다.

❖ 함께 팝콘을 먹으며 영화를 본다.

❖ 날이 어두워진 뒤에 이따금씩 산책을 나간다.

❖ 인터넷에서 배운 레슬링 동작을 가르쳐준다.

❖ 가끔 설탕과 기름이 잔뜩 발린 간식을 사준다.

❖ 박물관에 가서 공룡에 대한 지식을 뽐낸다.

❖ 박물관에서 말도 안 되는 이야기를 지어낸다. 예를 들면 "동물 중에서
  방귀 소리가 제일 큰 동물이 뭔지 알아? 바로 고래야. 근데 물속에서
  뀌니까 아무도 못 듣는 거야."라는 식으로 재미있게 말해준다.

❖ 음악을 크게 틀어놓고 춤을 춘다.

❖ 비명을 지를 때까지 아들을 물구나무 세운다.

❖ 집 안을 돌아다니며 술래잡기를 한다.

❖ 가끔씩 집 안을 맘껏 어지르게 해준다.

❖ 진흙탕에서 놀게 한다. 진흙이 없으면 만들어준다.

❖ 장난감 칼싸움을 한다. 장난감 칼이 없으면 신문지를 돌돌 말아서 써
  도 좋다.

❖ 아들의 방을 너무 깔끔하게 치우지 마라. 약간의 잡동사니는 필요하다.

❖ 물감으로 맘껏 색칠할 수 있는 공간을 마련해준다.

❖ 아들 얼굴 위에 수염을 그려주고 엄마 얼굴에도 그려보게 한다.

❖ 재미있는 우스갯소리를 개발한다.

❖ 아들에게 웃긴 별명을 붙여준다.

❖ 자주 안아주고 입을 맞춰준다.

어린 아들은 아침에 일어나면 곧바로 엄마가 멋지다고 생각한다. 하지만 그 생각은 오래가지 않을 것이므로 조만간 엄마도 노력해야 칭찬을 들을 때가 다가온다. 비결은 요란하고 웃기고 재미있어야 한다는 것이다. 방귀 이야기는 모든 아들에게 효과 만점이다.

아동기 아들(만 7세~11세)과 함께 노는 법

멋진 엄마로 자리매김할 수 있는 중요한 시기다. 청소년기의 먹구름이 몰려오고 있으니 지금부터 미리미리 점수를 쌓아둘 때다. 한 가지 다행스러운 점은 아동기 아들이 좋아할 만한 일이 유아기 때와 크게 다르지 않단 사실이다.

❖ 망치와 못과 톱을 주고 마당에 아들만의 집을 짓게 한다.

❖ 모래밭에 아들의 몸을 묻어준다.

❖ 자주 물장난을 치고 불량 식품도 가끔 사준다.

❖ 박물관에 가서 아들이 알고 있는 놀라운 이야기에 귀를 기울인다.

❖ 음악을 크게 틀어놓고 춤을 춘다.

❖ 아들에게 가끔 설거지를 시킨다.

❖ 가끔씩은 집을 난장판으로 어지를 수 있게 해준다.

❖ 아들의 방 배치는 아들이 원하는 대로 하게 한다.

❖ 아들 방을 깔끔하게 정돈하려고 하지 않는다.

- ❖ 모형 비행기, 배, 우주선 만들기를 도와준다.

- ❖ 자전거 경사로를 만들어준다.

- ❖ 혼자 집에서 멀리 떨어진 곳까지 갈 수 있게 한다.

- ❖ 활과 화살처럼 다소 위험한 선물을 준다.

- ❖ 가끔씩 주먹으로 때릴 수 있는 낡은 물건을 마련해준다.

- ❖ 잔소리는 열 단어 정도로 줄이도록 한다.

- ❖ 가끔씩 아들의 생각을 물어본다.

- ❖ 가능한 한 큰 소리로 자주 웃는다.

- ❖ 우스꽝스러운 노래를 부른다.

- ❖ 바보 같은 농담을 건네고 또 아들의 바보 같은 농담에 크게 웃어준다.

- ❖ 높은 나무타기처럼 가끔은 무모한 일도 도전하게 한다.

- ❖ 자주 안아주고 입을 맞춘다. 다만 학교나 친구들이 보고 있는 데서는 자제한다.

비결은 웃기고 시끄럽고 어지러운 모든 것들을, 조금은 위험 스러운 모험을 점점 더 허락해가는 일이다. 아들의 신변에 해가 없는 한도 내에서 가능한 한 혼자 돌아다니거나 높은 곳에 올라 가거나 뛰어내리는 일을 허락하라. 엄마가 아들의 항해 능력을 믿는다면 아들 역시 스스로를 믿게 될 것이고 동시에 엄마를 멋 진 사람이라고 생각할 것이다.

청소년 아들(만 12세 이상)의 멋진 엄마 되기

청소년기 아들에게 멋진 엄마가 되기 위해 할 수 있는 일은 사실 많지 않다. 이 시기 아들은 엄마를 단지 잔소리꾼에 짜증 나는 사람이라고 여기기 쉽다. 그럼에도 엄마는 언젠가 아들이 이때를 돌이키며 그래도 우리 엄마가 참 멋진 사람이었다고 회상할 수 있도록 여러 추억을 쌓아둘 수 있다.

❖ 일부러 멋져 보이려고 애쓰거나 아들의 친구가 되려고 하지 않는다.

❖ 아들의 친구가 놀러오면 자기들끼리 놀 수 있도록 자리를 비켜준다.

❖ 아들이 싫어하더라도 가끔씩은 엄마가 좋아하는 음악을 크게 틀어놓는다.

❖ 엄마의 친구들을 불러 함께 수다도 떨고 왁자지껄 웃는다. 엄마 자신의 삶이 멋져야 아들도 보고 배울 게 있다.

❖ 기회가 생기면 함께 팝콘을 먹으며 영화나 드라마를 본다.

❖ 가능하면 함께 여행을 간다.

❖ 엄청난 잘못을 저지른 뒤 엄마의 불호령이 떨어질 것을 잔뜩 두려워하며 기다리는 아들에게 꾸중 대신 위로를 해준다. "뭐, 살다 보면 이런 일도 생기는 법이지. 잘못도 해봐야 배우는 게 있지."라고 말해준다.

❖ 아들 스스로 판단하고 결정하도록 허락한다.

❖ 위생상 크게 심각한 상황이 아니라면 아들 방은 아들 스스로 관리하게끔 내버려둔다. 깨끗한 방바닥과 깔끔하게 정돈된 침대를 보려고 아들

에게 짜증을 낼 필요는 없다.

❖ 엄마가 허락할 거라고는 상상도 못했던 일을 이따금씩 하게 해준다.

❖ 중요한 일에 대해 아들의 생각을 진지하게 묻고 아들의 대답을 진심으로 들어준다.

❖ 가능할 때마다 안아주고 입을 맞춘다. 물론 기습 공격처럼 해야겠지만.

청소년기 아들은 불퉁거리기 일쑤고 가끔은 무례하게 굴기도 한다. 하지만 엄마가 이 시기 아들의 특성을 이해하고 기다려준다면 언젠가는 아들도 엄마의 노력을 기억해줄 것이다.

"우리 엄마는 정말 멋진 분이셨지."

언젠가는 이렇게 말할 날이 올 것이다.

"그래? 뭘 어떻게 하셨는데?"

누군가 물어오면 아들은 이렇게 대답할 것이다.

"몰라, 그냥 뭐랄까, 엄마는 항상 날 믿어주는 것 같았거든."

아들을 늘 믿긴 어렵지만 그래도 믿어줘라. 엄마는 아들을 믿어야 한다.

세상에 나쁜 엄마는 없다

내가 살고 있는 뉴질랜드에서 유난히 무더웠던 크리스마스를 며칠 앞둔 12월 오후, 나는 제임스 본드 같은 괴력을 발휘할 싸구려 신발이 필요했다.

'구두천국'이야말로 내가 갈 수 있는 유일한 곳이었다. 구두천국은 사실 진짜 가게 이름이 아니다. 부담 없는 가격의 신발들이 잔뜩 쌓여 있는 그곳을 부르는 나만의 방법이다. 평소 구두 매장 가기를 싫어하는 나에게, 구두천국에 대한 애정은 다소 특별하다.

싸구려 신발이 필요했던 이유는 아내와 두 아들을 데리고 인도 여행을 떠나기로 했기 때문이다. 인도는 눈이 부실 만큼 아름다운 곳이지만, 동시에 좀 지저분한 곳이기도 하기에 싸구려 신발을 신고 돌아다니다가 버릴 생각이었다.

그런데 출국하기 겨우 몇 주 전, 뭄바이에서 테러가 발생했다. 수백 명이 사망했고 그중엔 관광객도 다수 포함돼 있었다. 테러단이 노린 대상이 다름 아닌 관광객이었기 때문이다. 하지만 벌써 비행기 표를 구입한 나는 여행을 포기할 수 없었다. 사랑스러운 내 두 아들을 하필이면 지구상에서 이라크 다음으로 위험한 지역에 데리고 가게 된 것이다. 비행기 표는 이미 구입한 상태였고 환불은 쉽지 않았다.

애초 새 신발의 선택 기준은 저렴한 가격뿐이었지만, 상황이 상황이니 만큼 위험할 때 얼마나 빨리 뛸 수 있는가, 담벼락을 잘 기어 올라갈 수 있는가가 새로운 기준에 추가되었다. 새 신발이 제임스 본드와 같은 능력만 선사해 준다면야 가격은 문제가 될 수 없었다.

유난히 더웠던 12월 오후, 맨손으로도 날아오는 총알을 잡아챌 수 있는 능력이 생길 것만 같은 신발을 신어보려던 찰나, 이상한 소리가 내 주의를 끌었다. 어느 아빠의 신경질적인 목소리였다.

"제이든!"

제이든으로 짐작되는 아들이 대꾸했다.

"닥쳐! 날 좀 갈구지 말란 말야!"

나는 고개를 들었고 매장 안의 다른 손님들도 일제히 그쪽을 바라보았다. 아빠는 한동안 일거리가 없었던지 지저분한 외모에 쇠락한 느낌이 역력했다. 엄마는 보육원에서 자란 듯한 인상이었고, 어쩐지 제 자식도 보육원으로 보낼 것 같은 태도였다.

할아버지도 있었는데 무슨 이유에서인지 머리에 비해 지나치게 조그만 헬멧을 쓰고 있었다.

제이든이라는 아들도 문제가 심각해 보였다. 한눈에 골칫덩어리라는 것을 알 수 있었다. 해골이 그려진 검은색 티셔츠에 때가 잔뜩 낀 청바지를 입고, 헤비메탈 드러머 머리 모양을 하고 있었다.

일가족은 아무 상자나 열어 신발을 신어본 뒤 아무렇게나 던져버린 다음 다른 진열대로 넘어가고 있었다. 아빠는 고함을 질렀고 아들은 거칠게 대꾸했다.

"거기 서, 제이든!"

"좀 닥치라고!"

그들은 바로 내 앞에서 이런 대화를 나누었다.

"이 새끼야, 왜 그리 지랄인 거냐?"

"아, 닥치라고."

"네가 사고만 안 쳤어도 구두를 살 수 있었잖아."

"닥쳐. 나 돌게 만들지 마."

순간 아빠가 아들의 뺨을 후려칠 듯 손을 들어올렸다. 제이든은 움찔 뒤로 물러서며 중얼거렸다.

"꺼져, 새끼야."

아빠는 아들의 뺨을 치진 않았다. 그저 발을 동동 구르며 욕설을 퍼붓더니 가게 밖으로 나가버렸다.

떠나는 그들의 모습을 바라보다가 문득 이 책의 핵심 내용 중 하나가 떠올랐다. 그렇다. 위기에 처한 것은 '모든' 아들이 아니라 '일부' 아들뿐이다.

어쩌면 제이든은 ADHD 진단을 받았을지 모르고 학교 성적 또한 밑바닥일지 모른다. 학교에선 문제아일 수 있고 읽기와 쓰기도 엉망일지 모른다. 1년 넘게 학교에 남아 있을 가능성도 희박해 보였다. 어쩌면 특수학교에 가거나 마약을 하거나 소소한 범죄를 저지르고 결국 감옥에 갈지도 모른다. 그리고 제이든을 감옥에서 꺼내줄 사람이 있을지도 확신이 없다. 언젠가는 제이든 역시 문제 아들을 데리고 또 다른 구두 매장으로 쳐들어갈지 모른다. 그렇게 삶은 돌고 또 돌 것이다.

'아들들의 위기'를 둘러싼 숱한 통계와 주장을 살펴보면 놀랍기 그지없다. 내 아들에 대한 걱정을 떨쳐버릴 수가 없다. 그러나 나에게 중요한 것은 아들 전체의 평균적인 이야기가 아닌 오로지 내 두 아들에 관한 이야기일 뿐이다. 남자아이 전체의 평균 읽기 점수는 내 두 아들의 읽기 실력과는 사실상 아무런 관계가 없다.

나는 아들 전체의 위기를 생각하지 않는다. 내가 관심을 갖는 대상은 나를 찾아온 아들들과 그 가족들일 뿐이다. '아들들의

위기'라는 표현은 아무리 생각해도 다분히 정치적이고 선동적
이다.

누구나 알고 있듯이 아들과 딸은 같지 않다. 사고방식도 행동
양식도 뚜렷이 다를 때가 많다. 그러나 남성과 여성이 전혀 다
른 별에서 온 존재이고, 완전히 다른 두뇌 구조를 갖고 있다는
주장은 현실 속의 엄마들에게는 아무런 도움도 되지 않는다. 엄
마는 아들과 자신 사이에 차이점보다 공통점이 훨씬 더 많다는
사실을 잊지 않길 바란다.

남성 역할모델에 대한 집착은 홀로 아들을 키우는 엄마들에
게 고통만 안겨준다. 아들과 함께 시간을 보내줄 남성이 있다면
좋겠지만 설사 그렇지 못하더라도 크게 걱정할 필요는 없다. 현
실적으로 이는 중요한 문제가 아니다. 아들과 함께 축구를 해줄
아저씨가 없다고 해서 아들이 비뚤어진 어른으로 크는 건 아니
다. 때로 엄마가 아빠를 대신해 훌륭한 역할모델이 될 수도 있
다. 그리고 아들이 훌륭한 어른이 되는 데 가장 필요한 건 올바
른 가치관과 인성이다.

이 책을 다 읽은 엄마들은 아들에게 좀 더 강한 유대감을 느
꼈으면 좋겠다. 적어도 아들이 외계인이 아니라는 사실은 알았
으면 좋겠다. 무엇보다 이 책을 덮은 뒤 자신감을 갖게 되길 바
란다. 시끄럽고 산만하고 지저분한 아들의 세계에서 뜻밖의 경

이로움을 만끽하길 바란다.

아들을 기르면서 겪은 숱한 고민과 갈등은 시간이 지나 돌아보면 모두 추억으로 남는다. 아들에게 나쁜 엄마란 없다. 엄마는 어디까지나 엄마이며 그것으로 충분하다.

엄마, 아들을 이해하기 시작하다

나이젤 라타 **지음** | 이주혜 **옮김**

초판 발행일 2012년 10월 29일 | **제2쇄 발행일** 2013년 12월 18일
펴낸이 조기룡 | **펴낸곳** 내인생의책 | **등록번호** 제10-2315호
주소 서울시 강서구 가양동 52-7 강서한강자이타워 A동 306호
전화 (02)335-0445 | **팩스** (02)6499-1165
전자우편 bookinmylife@naver.com | **홈카페** http://cafe.naver.com/thebookinmylife
주간 한소원 | **편집장** 이은아 | **책임편집** 조일현 | **편집** 김지연, 손유진, 박소란, 강길주 | **디자인** 심재원

MOTHERS RAISING SONS
Copyright © Nigel Latta 2009
The Author has asserted his right to be identified as the Author of this work.
First published in English by HarperCollins Publishers New Zealand Limited in 2009.
No part of this book may be used or reproduced in any manner whatever without written permission except in the case of brief quotations embodied in critical articles or reviews.

Korean Translation Copyright © 2012 by THEBOOKINMYLIFEPUBLISHING CO.
This Korean language edition is published by arrangement with HarperCollins Publishers New Zealand through BC Agency, Seoul.

이 책의 한국어 판 저작권은 BC에이전시를 통한 저작권자와의 독점계약으로 **내인생의책**에 있습니다.
신저작권법에 의해 한국 내에서 보호를 받는 저작물이므로 무단전재와 복제를 금합니다.

ISBN 978-89-97980-06-2 13590

이 도서의 국립중앙도서관 출판시도서목록(CIP)은
e-CIP홈페이지(http://www.nl.go.kr/ecip)에서 이용하실 수 있습니다.
(CIP제어번호: CIP2012004745)

* 책값은 뒤표지에 있습니다.
* 잘못된 책은 구입처에서 바꾸어 드립니다.

책은 나무를 베어 만든 종이로 만듭니다.
그래서 책은 나무의 생명과 맞바꿀 만한 가치가 있어야 합니다.
그림책이든 문학, 비문학이든 원고 형식은 가리지 않습니다.
여러분의 소중한 원고를 bookinmylife@naver.com으로 보내주시면
정성을 다해 좋은 책으로 만들겠습니다.